Die Implementationsproblematik
staatlicher Umweltpolitik

Europäische Hochschulschriften

Publications Universitaires Européennes
European University Studies

Reihe V
Volks- und Betriebswirtschaft

Série V Series V
Sciences économiques, gestion d'entreprise
Economics and Management

Bd./Vol. 2499

PETER LANG
Frankfurt am Main · Berlin · Bern · Bruxelles · New York · Wien

Svenja Piotrowski

Die Implementationsproblematik staatlicher Umweltpolitik

PETER LANG
Europäischer Verlag der Wissenschaften

Die Deutsche Bibliothek - CIP-Einheitsaufnahme

Piotrowski, Svenja:

Die Implementationsproblematik staatlicher Umweltpolitik / Svenja Piotrowski. - Frankfurt am Main ; Berlin ; Bern ; Bruxelles ; New York ; Wien : Lang, 1999
(Europäische Hochschulschriften : Reihe 5, Volks- und Betriebswirtschaft ; Bd. 2499)
Zugl.: Berlin, Freie Univ., Diss., 1998
ISBN 3-631-35357-X

D 188
ISSN 0531-7339
ISBN 3-631-35357-X

Danksagung

Die Arbeit wurde im Sommer 1998 als Dissertationsschrift am Fachbereich Wirtschaftswissenschaft der Freien Universität Berlin angenommen. Bei ihrer Entstehung wurde mir vielfältige Hilfe zuteil, die ich an dieser Stelle erwähnen möchte.

Dem Erstgutachter der Arbeit, Prof. Dr. W. Dietrich Winterhager, gilt besonderer Dank für die fachliche und motivierende Betreuung. Bei Prof. Dr. K. P. Kisker bedanke ich mich für die Übernahme des Zweitgutachtens.

Die Idee zu dieser Arbeit entwickelte sich während der Teilnahme an der "Berliner Arbeitsgruppe Umweltökonomik". Den Mitgliedern Frank Wätzold, Birgit Soete, Markus Lehmann, Claudius Schmidt-Faber, Jürgen Meyerhoff, Christoph Kühleis, Uwe Dulleck und Martin Cames verdanke ich viele Diskussionen und Anregungen.

Sabine Siebald, Ann-Cordelia Barten und Dr. Michael Farle haben Teile der Arbeit kritisch und aufmerksam kommentiert. Ihre Unterstützung war sehr hilfreich für mich.

Svenja Piotrowski

INHALTSVERZEICHNIS

1 EINFÜHRUNG UND KONZEPTION DER ARBEIT

Die umweltökonomische Theorie war bisher hauptsächlich damit beschäftigt, Schädigungen der natürlichen Umwelt durch ökonomische Aktivitäten als Allokationsprobleme darzustellen. Auf der Basis der theoretischen Überlegungen und der Internalisierungsansätze von Pigou und Coase konzentrierte sie sich auf die Entwicklung und Propagierung von ökonomisch effizienten Instrumenten, deren Anwendung einer zentralen politischen Instanz überlassen wurde. Eine marktendogene Internalisierung gelingt aufgrund des öffentlichen Gutcharakters der Umwelt sowie der sich daraus ergebenden Existenz externer Effekte nicht im erforderlichen Maß und belegt damit die in der Umweltökonomie mittlerweile unbestrittene Notwendigkeit einer staatlichen Instanz, die ein solcherart induziertes Marktversagen korrigieren soll.

Die vorliegende Arbeit setzt bei dieser anerkannten Notwendigkeit an und gibt zunächst einen Überblick über bestehende und bekannte Problembereiche, vor denen die staatliche Instanz in der Umweltpolitik steht. Die Arbeit wird dabei bisher nicht oder nur unzureichend berücksichtigte Perspektiven in die Untersuchung aufnehmen und konzentriert sich hierfür auf eine detaillierte Analyse des umweltpolitischen Entscheidungssystems und seiner Abläufe. Vor diesem Hintergrund wird dann im Anschluß ein von Möglichkeiten, Herausforderungen und Restriktionen geprägtes Bild der künftigen Rolle des Staates für eine zukunftsfähige Umweltpolitik entworfen. Dabei gilt es, in Zusammenarbeit mit anderen wichtigen Akteuren und Systemteilnehmern ein sich veränderndes, innovatives Staatsverständnis unter der Maßgabe der repräsentativen Demokratie zu entwickeln.

Nachfolgend werden Konzeption und Aufbau der Arbeit im einzelnen vorgestellt.

Im anschließenden Kapitel (Kapitel 2) wird die Notwendigkeit staatlicher umweltpolitischer Eingriffe auf der Basis der umweltökonomischen Grundlagen aus einer kurzen allokationstheoretischen Darstellung des Umweltproblems hergeleitet und begründet.
Das darauf folgende Kapitel (Kapitel 3) beschäftigt sich mit den bestehenden staatlichen Interventionsmöglichkeiten und skizziert die zur Verfügung stehenden umweltpolitischen Instrumente in ihrer Funktionsweise. Dabei ist festzustellen, daß die umweltökonomische Forschung zwar theoretisch weit entwickelte Konzepte vorlegen kann, diese aber kaum Eingang in die Realität finden, sondern

im umweltpolitischen Entscheidungssystem verharren. Die mangelnde Umsetzung derartiger Politikempfehlungen in die Praxis und die Konstatierung wachsender, aber unbefriedigt bleibender Umweltqualitätsansprüche der Gesellschaft stehen im Mittelpunkt umweltökonomischer Untersuchungen und Veröffentlichungen. Auffällig ist, daß in der Folge der Weg zwischen öffentlicher Problemerkenntnis und angestrebter sowie implementierter Problemlösung kaum eine Rolle spielt und sich das Erkenntnisinteresse nur selten auf Prozesse, in denen über die Festlegung des anzustrebenden Umweltqualitätsniveaus und die Auswahl der zur Zielerreichung einzusetzenden Mittel entschieden wird, richtet. Dieses aus ökonomischer Sicht bestehende vergleichsweise geringe Wissen über umweltpolitische Entscheidungsprozesse bildet den Anlaß der vorliegenden Arbeit, deren Anliegen es ist, hier einen Beitrag zu leisten und bestehende Defizite zu verringern.

Im nächsten Kapitel (Kapitel 4) wird das umweltpolitische Entscheidungssystem analysiert, und die Neue Politische Ökonomie (NPÖ) bietet einen adäquaten Erklärungsansatz. Das politische System wird in einen interdependenten Zusammenhang zum ökonomischen System gesetzt, und staatliche Entscheidungen sind mithin endogen von dem Verhalten anderer Systemteilnehmer abhängig. Die Verwendung des ökonomischen Paradigmas individueller Eigennutzorientierung als Erkenntnismethode gestattet eine pragmatische Einschätzung der Interessen und eine Abbildung der an umweltpolitischen Entscheidungsprozessen zentral beteiligten Akteure. Umweltpolitik wird dabei explizit als Ergebnis solcher Entscheidungsprozesse verstanden, die durch ein Zusammenwirken verschiedener prozeßsteuernder Koordinations- und Konfliktlösungsmechanismen, also Wahl, Hierarchie, Verhandlung und Verfassung, charakterisiert sind. Die Breite des Erklärungsansatzes ist bewußt gewählt, um die der Umweltpolitik zugrundeliegende Struktur im Interaktionsgeflecht zwischen den Akteuren sowie die tendenziell vorherrschende Kräfteverteilung zu erfassen, wodurch dann etwaige Koalitionen und dominante, partikulare Interesseneinflüsse identifiziert werden können. Die tatsächliche Ausgestaltung deutscher Umweltpolitik soll erklärbar werden und eine realistische Einschätzung dessen möglich sein, was das politische System in diesem Bereich zu leisten vermag. Ein derartiger Ansatz und eine entsprechende Sichtweise finden bisher eher zögerlich Eingang in die umweltökonomische Literatur und werden, wenn überhaupt, unter dem Stichwort der „politisch-administrativen Durchsetzbarkeit“ diskutiert, ohne dabei die Konsequenzen für umweltpolitische Zielformulierungen und Instrumentierungen zu berücksichtigen. In dieser Arbeit wird eine genaue Analyse des umweltpolitischen Entscheidungssystems vorgenommen, um bestehende wechselseitige Abhängigkeiten beim Zustandekommen von staatlichen Entscheidungen deutlich werden zu lassen.

Das anschließende Kapitel (Kapitel 5) konstatiert eine aufgrund dieser Abhängigkeiten, Zwänge und Restriktionen nur unzureichend effektive und erfolgreiche Umweltpolitik. Ihre konzeptionelle Ergänzung um die Idee einer Politik der Nachhaltigkeit soll einen tragfähigen Rahmen für zukünftige Auseinandersetzungen schaffen und das Verhältnis zwischen Umwelt, Wirtschaft und Gesellschaft als Ordnungsproblem neu thematisieren.
Operationalisierbare, bindende Zielvorgaben liegen dabei nicht im Eigeninteresse des Staates. Dieser wird angesichts seiner verschiedenen Interaktionsbeziehungen bestrebt sein, vage formulierte Vorgaben mit interpretationsfähigen Begriffen vorzugeben. Ein Ausdruck dafür ist das Schlagwort der Nachhaltigkeit, welches als Kompromiß zwischen Wirtschaft und Umwelt gepriesen wird und als populäre umweltpolitische Leitlinie wirken soll. Die konkrete Umsetzung unterliegt dagegen aufgrund kaum zu erreichender Operationalisierbarkeit beträchtlichen Handlungsspielräumen. Hier liegt der wesentliche Grund für die allseitige Zustimmung zu einer an diesem Leitbild orientierten Umweltpolitik. Dennoch trifft die Idee der Nachhaltigkeit auf große Resonanz, insbesondere auch im Hinblick auf die Überwindung der mangelnden Zukunftsfähigkeit der bisherigen Entwicklung. Bezüglich der ordnungspolitischen Herausforderung, nachhaltige Entwicklung unter Beibehaltung des freiheitlich-marktwirtschaftlichen Systems zu erreichen, wird ein optimistischer Standpunkt vertreten. Tiefgreifende zukünftige Veränderungen und ihre Umsetzung erscheinen erst und gerade unter Nutzung der Innovationsdynamiken dieses Systems vorstellbar, und ordnungspolitische Reformen sind dabei nicht ausgeschlossen.

Das folgende Kapitel (Kapitel 6) stellt die, angesichts zu beobachtender nicht hinreichender Problemlösungskapazität des Staates, grundlegende Frage nach umweltpolitischen Lösungsmöglichkeiten in einer demokratischen Gesellschaft. Es wird untersucht, ob deren Strukturen und Verfahren einer Bewältigung des Umweltproblems entgegenstehen und mögliche Alternativen vorteilhafter zu bewerten sind. Die Regelung eines erhöhten Bedarfs an kollektiven Entscheidungen auch über nationalstaatliche Grenzen hinweg, hat die potentielle Gefährdung einer freiheitlichen Ordnung durch ökologische Krisen und sich anschließende vorstellbare Freiheitsverluste des einzelnen unbedingt ernstzunehmen.

Auf der Basis der expliziten Befürwortung einer demokratischen Staatsform sowie des zuvor entwickelten und gesammelten Wissens über die Abläufe umweltpolitischer Entscheidungsprozesse wird das abschließende Kapitel (Kapitel 7) die wichtigste Aufgabe einer zukunftsfähigen Umweltpolitik deutlich herausarbeiten. Vor dem Hintergrund der Defizite der repräsentativen Demokratie geht es um den angemessenen Umgang mit Öffentlichkeit und die entsprechende

Institutionalisierung. Hinter dieser schlichten Aussage steht ein enorm komplexer Problembereich, der durch die Umweltproblematik eine neue Qualität und Dringlichkeit erhalten hat. Es gilt zu untersuchen, welche Mitspracherechte und Kompetenzen den in ihrer Lebensführung unmittelbar Betroffenen zugestanden werden können und sollten. Umgekehrt sind die Bedingungen zu beachten, unter denen diese hinreichend motiviert sind, ihre Präferenzen zum Ausdruck zu bringen und sich tatsächlich zu beteiligen. Auf unterschiedlichen Ebenen der Entscheidungsfindung werden Ideen, Ansätze und Verfahrensformen vorgestellt und bewertet. Dabei ist es hilfreich, auch die Vorschläge und Erfahrungen anderer Länder einzubeziehen. Besonders interessant ist in diesem Zusammenhang das Verhältnis zwischen dem Staat und nicht-staatlichen Gruppierungen und das durch dieses Verhältnis beeinflußte und selbst beeinflussende zugrundeliegende Staatsverständnis.
In der Schlußbetrachtung wird ein Fazit gezogen, ein Überblick über gelöste sowie noch zu lösende Fragestellungen gegeben und ein kurzer Ausblick auf zu erwartende Entwicklungen gewagt.

Die vorliegende Arbeit will den Versuch unternehmen, dem dargestellten Problembereich mit einer interdisziplinären Sichtweise zu begegnen. In der herkömmlichen umweltökonomischen Literatur dominiert ein ökonomisch orientierter Ansatz, der dem nachfolgenden Thema aufgrund eines zu eng gefaßten Analyseraumes nur unzureichend gerecht wird und in der Folge bei der Generierung von Lösungen an Grenzen stößt. Der hier gewählte interdisziplinäre Ansatz bezieht dagegen neben den ökonomischen Überlegungen auch solche soziologischer und politologischer Art ein. Es erscheint angemessener, auf ein die Grenzen von Fachwissenschaften überschreitendes Thema mit einem eben solchen Ansatz zu reagieren und neue Aspekte in die Untersuchung aufzunehmen. Der Untersuchungsrahmen ist daher notwendigerweise relativ breit gefaßt und lädt spezifische Weiterentwicklungen und andere Forschungsansätze bewußt ein.

2 DAS UMWELTPROBLEM AUS TRADITIONELLER ÖKONOMISCHER SICHT - EINE EINLEITUNG AUS ALLOKATIONSTHEORETISCHER PERSPEKTIVE

2.1 Umweltqualität als externer Effekt und öffentliches Gut

Der Begriff Umwelt beinhaltet in einer sehr weiten Fassung die Gesamtheit der existenzbestimmenden Faktoren, welche die physischen, psychischen, technischen, ökonomischen und sozialen Bedingungen und Beziehungen des Menschen determinieren.[1] Die engere Fassung dieses Begriffs konzentriert sich auf die Gesamtheit an naturgegebenen, nicht produzierten Gütern, welche Nutzenströme in Form von unterschiedlichen Verwendungsmöglichkeiten an die Individuen abgeben.

Ein derart verstandener Umweltbegriff impliziert die Einsicht des „Ausgeliefertseins“ und begreift Umwelt und ihre Gesetze als etwas, was sich außerhalb des menschlichen Zugriffs befindet.[2] Paradoxer- oder konsequenterweise entwickelten die Industriegesellschaften ein anthropozentrisches Weltbild, welches der Natur einen instrumentalen, lediglich aus den Zwecken des Menschen abgeleiteten Wert zuordnet. Als Referenzpunkt für etwaige allokationspolitische Korrekturen dienen damit in der Folge Individualpräferenzen und kein in welcher Form auch immer naturrechtlich gedachtes Existenzrecht von Umweltgütern. Ein entsprechendes Menschenbild, das des sogenannten Homo oeconomicus, beschreibt Individuen als eigennutzmaximierend und rational handelnd. Im Zentrum dieses Weltbildes steht der Glaube an die Allmacht des wissenschaftlich-technischen Fortschritts sowie des uneingeschränkten Wachstums, und das unabhängig von der jeweils herrschenden Ideologie marktwirtschaftlich und planwirtschaftlich organisierter Gesellschaften.[3] Ein solches Weltbild stößt allerdings an Grenzen, und wird in der Folge bezüglich des Umweltproblems für die ökonomische Theorie erst interessant, wenn zunehmend deutlich wird, daß Menschen in einer „Welt der Knappheit“ leben und somit nicht alle Bedürfnisse gleichzeitig und in vollem Umfang befriedigt werden können.

---

1 Vgl. Wicke, 1991, S. 5.
2 Vgl. Maier-Rigaud, 1988, S. 116.
3 Vgl. Gräber-Seißinger, 1991, S. 65.

Buchanan vertritt die Auffassung, daß die Knappheit der Ressourcen und die daraus resultierenden Konflikte nicht nur das Handeln im wirtschaftlichen Bereich, sondern in fast allen Lebenssituationen vorstrukturiert.[4] Knappheit ist also das zentrale Problem jeder gesellschaftlichen Ordnung und der Umgang mit diesem Problem spiegelt sich in der marktwirtschaftlichen Konstruktion des Preismechanismus wider, welcher Knappheitsverhältnisse idealtypisch ausdrücken soll.

Negativ bewertete Beeinträchtigungen der Umweltqualität, also Umweltprobleme, entstehen durch rivalisierende Nutzungen knapper, aber frei verfügbarer Umweltgüter. Nutzungsmöglichkeiten, die mit Belastungen einhergehen, nehmen, obwohl die Aufnahmekapazität der Umweltgüter hinsichtlich dieser Belastungen begrenzt ist, aufgrund der freien Verfügbarkeit derartige Ausmaße an, daß die Kapazitätsgrenze überschritten wird. Die Konsequenz ist eine entsprechende Übernutzung, die als typische Fehlallokationsfolge bei frei verfügbaren, knappen Gütern mit den Symptomen der gegenseitigen Beeinträchtigung oder Ausschließung von Nutzungsmöglichkeiten verstanden werden kann. Die Ursache für diese, aus ökonomischer Sicht, ineffiziente Umweltnutzung liegt in der Problematik der externen Effekte und öffentlichen Güter begründet.[5]
Die ökonomische Theorie neoklassischer Ausprägung erklärt die übermäßige Beanspruchung der Umwelt mit ihrer Eigenschaft, zum großen Teil ein Kollektivgut oder auch synonym ein öffentliches Gut zu sein. Charakterisiert sind diese im Gegensatz zu den privaten Gütern dadurch, daß sie kaum aufteilbar sind und niemand von ihrem Konsum ausgeschlossen werden kann oder soll, auch dann nicht, wenn keine Zahlungsbereitschaft besteht (Free-Rider-Problematik). Da es kaum der menschlichen Natur entspricht, in einer solchen Situation freiwillig einen Preis zu bezahlen, haben Kollektivgüter, auch wenn sie tatsächlich knapp sind, keinen (positiven) Preis. Für die Wirtschaftsakteure besteht also keine Notwendigkeit, verantwortungsbewußt und sparsam mit diesem „kostenlosen“ Gut umzugehen. Der Preismechanismus signalisiert Überfluß und die Folge ist seine Übernutzung oder seine Vernichtung. Ein weiteres Problem liegt in der mangelnden privat- oder völkerrechtlichen Zuständigkeit; private Eigentumsrechte an Umweltgütern im Sinne des § 903 des BGB können nur schwer definiert werden, und wären auch dann nicht das Heil des Umweltschutzes, beseitigt doch Privatisierung nicht in jedem Fall die Existenz externer Effekte, die bei jeder wirtschaftlichen Aktivität wirksam

---

4 Vgl. Buchanan, 1975/84, S. IX.

5 Zur Verbindung von externen Effekten mit dem Konzept der öffentlichen Güter siehe Osterkamp/ Schneider, 1981, S. 16.

werden.[6] Nach Baumol und Oates liegen externe Effekte dann vor, wenn die Nutzen- oder Produktionsfunktion eines Individuums reale, also nicht-monetäre Variablen beinhaltet, deren Werte von anderen Individuen oder Institutionen bestimmt werden. Außerdem muß als zusätzliche Bedingung gewährleistet sein, daß der Verursacher des externen Effektes keine Kompensation in Höhe der Kosten oder, im Falle positiver externer Effekte, Nutzen, die dem betroffenen Individuum durch seine Aktivitäten entstehen, leistet oder erhält.[7] Negative externe Effekte, beispielsweise Umweltverschmutzungen, ersparen damit ihrem Verursacher Kosten, die aber an andere weitergegeben werden. Kapp bezeichnet diese Kosten als Sozialkosten, welche Drittpersonen oder die Allgemeinheit als Folge einer uneingeschränkten wirtschaftlichen Tätigkeit zu tragen haben.[8] Aufgrund dieser Abweichung von privaten und volkswirtschaftlichen oder gesellschaftlichen Kosten ergibt sich eine Verzerrung des Allokationsoptimums in der betrachteten Volkswirtschaft und in ihrer Konsequenz zeigt diese Diskrepanz, daß die Preise der Güter nur einen Teil der tatsächlichen Herstellungs-, Nutzungs- und Beseitigungskosten wiedergeben. Einzelwirtschaftliches rationales Verhalten steht bei Preisversagen in keinem Verhältnis zum ökologisch und gesamtwirtschaftlich Gebotenen.

2.2 Theoretische Begründung der Umweltpolitik

Zur 'Entzerrung' im Sinne einer Beseitigung der allokativen Fehlerquelle diskutiert die herkömmliche umweltökonomische Literatur aus allokationstheoretischer Sicht die Konzepte von Pigou und Coase zur Internalisierung externer Effekte. Staatliches umweltpolitisches Wirken konzentriert sich hierfür entweder auf eine Preiskorrektur oder soll eine entsprechende Privatisierung mit der Option einer Verhandlungslösung induzieren. Beide idealtypischen Möglichkeiten sind in der Vergangenheit umfangreich und kontrovers analysiert worden[9] und dürfen daher als hinreichend bekannt vorausgesetzt werden, so daß an dieser Stelle nur ein kurzer Abriß erfolgen soll. Beide Ansätze, dies sei vorweggenommen, können die Wunschvorstellung einer wohlfahrtsmaximierenden Internalisierung nicht realisieren, haben aber als Referenzmodell ganz entscheidend zur Entwicklung pragmatischer Konzepte beigetragen.

---

6 Vgl. Siebert, 1973, S. 71.
7 Vgl. Baumol/Oates, 1988, S. 17f.
8 Vgl. Kapp, 1988, S. 10.
9 Vgl. z.B. Endres, 1976 oder Weimann, 1990.

Der marktwirtschaftliche Wettbewerbsprozeß folgt der Logik einzelwirtschaftlicher Rationalität und birgt keinen Automatismus, Umwelt als knappes Gut zu behandeln und Kollektivbedürfnisse zu berücksichtigen. Welche Resultate der Wettbewerb erbringt hängt also wesentlich von den Rahmenbedingungen ab, die dem Markt von staatlicher Seite auferlegt werden.
Staatliche Interventionen werden allerdings ausgesprochen sensibel beurteilt, stehen sie doch in einem grundsätzlichen Widerspruch zum herrschenden Vertrauen in die Überlegenheit der Marktsteuerung. Mit ideologisch verwurzelter, zuweilen durchaus berechtigter Skepsis gegenüber staatlicher Planung und weitreichenden Eingriffen in Marktabläufe wird schnell die marktwirtschaftliche Ordnung und die Effizienz des ökonomischen Prozesses in Gefahr gesehen.[10] Hier wird die Tatsache verkannt, daß es „den Markt" ohne eine Kollektivinstanz, die etwa die Durchsetzbarkeit individueller Eigentumsrechte garantiert, nie gegeben hat.[11] Diese Kollektivinstanz verhindert, insbesondere nach dem Verständnis unserer sozialen Marktwirtschaft, daß die Situation jedes einzelnen allein das Resultat von Marktprozessen ist. Strittig ist im Grunde wie stark staatliche Eingriffe in die sich am Markt ergebende Verteilung sein sollen und wie eng die Restriktionen, die zulässige Marktprozesse definieren, begrenzt sein sollen.[12]

Die vorhergehenden Überlegungen zum Gut Umwelt haben deutlich gemacht, daß der Markt auf marktfähige Güter beschränkt ist und die ökonomischen Folgewirkungen, die von anderen Teilnehmern getragen werden müssen, vernachlässigt, solange keine anderen Regelungen vorliegen. Eine traditionelle Antwort auf die Verabsolutierung des mikroökonomischen Entscheidungskalküls und der daraus resultierenden Fehlallokation von Ressourcen ist die sogenannte Pigou-Steuer.
Anders als die Klassiker wie Adam Smith stand der britische Ökonom Arthur Cecil Pigou der Harmonie des Marktes einigermaßen skeptisch gegenüber und war keineswegs der Meinung, daß das, was für das Individuum gut war, auch der Gesellschaft diente. Den größten Beitrag für die Wirtschaftswissenschaft lieferte er denn auch mit seinen Arbeiten zur Wohlfahrtsökonomie und seine „Economics of Welfare" (1920) gehören heute zu den Standardwerken der Zunft. In diesem Buch zeigte er die Grenzen des staatlichen Laisser-faire auf und entwickelte erstmals eine Theorie dafür, wann und warum der Staat ins Wirtschaftsgeschehen eingreifen sollte. So erkannte er früh die Gefahr einer Umweltgefährdung durch

---

[10] Vgl. Maier-Rigaud, 1988, S. 34.
[11] Vgl. Bärsch/Frank, 1985, S. 153.
[12] Vgl. Endres, 1983, S. 27.

uneingeschränktes wirtschaftliches Handeln und seine Idee einer staatlichen Steuererhebung bildet die Basis für eine Umweltpolitik, die sich heute erneut mit dem Thema Ökosteuern auseinandersetzt. Marktexterne negative Effekte sollen durch eine wohlfahrtsökonomisch fundierte Besteuerung seitens des Staates internalisiert werden, wobei vorausgesetzt wird, daß für die in Anspruch genommenen Ressourcen keine Eigentumsrechte definiert sind. Für die Festsetzung einer solchen Steuer, deren Höhe im Idealfall den Differenzbetrag zwischen den privaten und den gesellschaftlichen Kosten ausdrückt, ist es allerdings zwingend erforderlich, daß der Staat vollkommene Informationen über die Präferenzen der Individuen, Grenzschadensverläufe der von Umweltschäden Betroffenen und die Grenzvermeidungskosten der Verursacher besitzt.[13] Dann wäre es auch möglich, daß hier eine allgemeine Kompensationspflicht für Umweltschäden festgesetzt werden könnte, ohne eine Privatisierung der Umweltgüter durchzuführen. Eine solcherart erfolgreiche Besteuerung würde also eine wohlfahrtsoptimale Internalisierung ermöglichen, welche zwar Beeinträchtigungen der Umwelt weiterhin zuließe, allerdings dann in „pareto-optimaler Menge", die, da sie den individuellen Präferenzen entspricht, aus ökonomischer Perspektive nicht negativ zu bewerten wäre.

In der Praxis gelingt eine befriedigende Internalisierung allerdings kaum. Es bestehen Zweifel bezüglich einer grundsätzlichen Kompetenz staatlichen Tätigwerdens und eines hinreichenden Informationsbestandes zur Erhebung der Steuer.[14] Grenzschadens- und Grenzvermeidungskostenverläufe ändern sich im Zeitverlauf, so daß die optimale Steuerhöhe ständig angepaßt werden müßte. Dazu kommt, daß die staatliche Instanz weiterhin immer über den aktuellen Stand der Vermeidungstechnologie sowie die damit verbundenen Kosten unterrichtet sein müßte, und es außerdem für die Schätzung der Grenzschäden kaum anzunehmen ist , daß rationale Individuen aufgrund einer möglichen kostenlosen Konsumption des öffentlichen Gutes Umwelt dem Staat ihre wahren Zahlungsbereitschaften offenbaren. Die Existenz externer Effekte begründet hier einen

---

[13] Vgl. z.B. Weimann, 1990, S. 109.

[14] Baumol und Oates waren ebenfalls der Meinung, daß die Berechnung der Höhe einer Pigou-Steuer für eine vollständige Internalisierung externer Effekte kaum zu bewältigen ist und versuchten, mit ihrem sogenannten Standard-Preis-Ansatz zu einer effizienteren Lösung zu gelangen. Dabei geht es um „fiscal measures in combination with standards for acceptable environmental quality", und diese Standards „represent the decision maker's subjective evaluation of the minimum standards that must be met in order to achieve what may be described as 'a reasonable quality of life'. The defects of this procedure are obvious..." Baumol/Oates, 1988, S.159 und S. 162. Es handelt sich hier um den Versuch einer näherungsweisen Lösung des Externalitätenproblems, oder auch eines Trial-and-error-Prozesses.

unmittelbaren Anlaß für staatliche Eingriffe in das Marktgeschehen, so daß angesichts einer Vielzahl beobachtbarer externer Effekte eine relativ weitgehende Legitimation staatlicher Interventionen die Folge ist; eine Sichtweise, die nicht unumstritten ist.

Aus diesen Gründen wird der Staatseingriff in Form einer Steuer beispielsweise von Vertretern der Eigentumsrechtetheorie (property rights) abgelehnt. Ökonomen wie Ronald H. Coase folgerten aus der Existenz externer Effekte keineswegs automatisch die Notwendigkeit staatlichen Handelns, sondern untersuchten die Möglichkeit privatwirtschaftlicher Lösungen. In Coases „The Problem of Social Costs“ (1960) formulierte er ein Theorem, welches im Kern behauptet, daß immer dann, wenn bestimmte Voraussetzungen erfüllt sind, externe Effekte durch Verhandlungen internalisiert werden und paretoeffiziente Allokationen entstehen. Dieses Theorem trägt dem Umstand Rechnung, daß Marktprozesse innerhalb eines institutionell-rechtlichen Rahmens ablaufen und von diesem entscheidend beeinflußt werden. Tauschhandlungen setzen prinzipiell Eigentum oder spezifizierte Verfügungsrechte voraus, so daß Güter, auf die diese Voraussetzungen nicht zutreffen, extensiv genutzt werden. Die Belastung der Umwelt ist hier eine Konsequenz staatlichen Versagens bei der Institutionalisierung von Verfügungsrechten über die Umwelt, und der Vorwurf von Marktversagen im Pigouschen Sinne kann logisch zurückgewiesen werden, weil eben das Instrument Markt ohne spezifizierte Eigentumsrechte von vornherein nicht wirksam werden konnte. Dem vieldiskutierten Coase-Theorem zufolge können also marktexterne negative Effekte, etwa im Falle von Umweltschäden, durch eine Ausweitung des Marktprozesses freiwillig internalisiert werden, wenn es wohldefinierte Eigentumsrechte an der Umwelt gibt.[15] Über das Ausmaß der Internalisierung entscheiden dann nur die unmittelbar Betroffenen, die unabhängig von staatlichen Haftungsregelungen zu einer effizienten und optimalen Verhandlungslösung kommen sollen. Angebot und Nachfrage des nun privatisierten Gutes Umwelt unterliegen den gleichen Mustern wie Angebot und Nachfrage bezüglich eines beliebigen anderen privaten Gutes. Für umweltpolitische Ziele sind also die Selbststeuerungskräfte des Marktes zu nutzen und staatliche Eingriffe beschränken sich idealerweise lediglich auf eine ordnungspolitische Steuerung in Form eines einmaligen politischen Aktes der Rechtsetzung.

Allerdings wird die Bedeutung dieses Theorems einigermaßen relativiert, betrachtet man die eher unrealistischen und unter Umständen auch fragwürdigen Bedingungen, die für seine Geltung zwingend sind. Das ist beispielsweise mit

---

[15] Vgl. Musgrave/Musgrave/Kullmer, 1990, S. 70.

spieltheoretischen Mitteln möglich[16], hat aber auch in der jenseits der Spieltheorie geführten Diskussion um Externalitäten zu einer kritischen Haltung geführt. So erfolgt die Internalisierung externer Effekte lediglich entsprechend der Wertschätzung der Beteiligten, etwaige Machtpositionen der einzelnen Verhandlungspartner, Verteilungsprobleme sowie langfristige Allokationswirkungen werden nicht diskutiert, und die sogenannten Transaktionskosten, die für die Spezifizierung und Durchsetzung der Eigentumsrechte und für die Verhandlungen aufzuwenden sind, existieren nicht. Coase selbst schränkt hier die Gültigkeit der Verhandlungslösung bei positiven Transaktionskosten ein.[17] Die zur Lösung dieses Problems notwendigen kollektiven Verhandlungen aller Geschädigten mit dem Verursacher scheitern schon wegen ihrer großen Zahl und den damit verbundenen Organisationskosten.[18] Die Spieltheorie gebraucht für solche Situationen den Begriff des sozialen Dilemmas oder auch Gefangenendilemmas, das dadurch gekennzeichnet ist, daß individuell rationale Strategieentscheidungen zu kollektiv „irrationalen", pareto-ineffizienten Gleichgewichten führen, sofern sich die Individuen nicht in dem Sinne kooperativ verhalten, daß sie freiwillig auf die Wahrnehmung individueller Vorteile verzichten. Obwohl dieses Phänomen in der Realität durchaus beobachtbar und keineswegs völlig geklärt ist, ist kaum anzunehmen, daß eine Problemlösung allein durch kooperatives Verhalten gefunden werden kann. Dort, wo Kooperation nicht entsteht, ist staatliches Handeln in Form von Anreizmechanismen oder unter Umständen von Zwang in den verschiedensten Ausprägungen unabdingbar, wobei darauf hinzuweisen ist, daß ein solches Handeln immer mit zusätzlichen Kosten verbunden ist, die im Falle freiwilliger Kooperation entfallen würden.
Ein interventionsfreies Marktsystem unter der Prämisse einer hinreichend ausdifferenzierten Eigentumsordnung garantiert in keiner Weise die Identifizierbarkeit und Beseitigung externer Effekte, und den endogenen Internalisierungsmöglichkeiten ist damit ohnehin ein recht begrenzter Rahmen gesetzt. Es erscheint durchaus fragwürdig, inwieweit Umweltqualität als ein Ergebnis von Verhandlungen zwischen Wirtschaftsakteuren hingenommen werden muß, welche ein extrem komplexes Problem als eines begreifen, das ausschließlich ökonomisch determiniert ist.

Vor dem Hintergrund eines gesellschaftlich-ethischen Konsenses, demgemäß die Ausübung individueller Rechte dort endet, wo Freiheit, Eigentum und Rechte anderer beeinträchtigt werden, stellt sich die Frage nach einer angemessenen

---

[16] Vgl. Weimann, 1990, S. 26ff.
[17] Vgl. Coase, 1960, S. 15ff.
[18] Vgl. Panther, 1992, S. 51.

Interessenvertretung und Kontrollinstanz.[19] Das gilt auch im Hinblick auf künftige, derzeit nicht artikulationsfähige Generationen. Im Rahmen der Eigentumsrechtetheorie wird der Staat aus der direkten Verantwortung für den Umgang mit einer hoch sensiblen Umwelt entlassen, und diese Verantwortung wird jenen übertragen, die, innerhalb des Marktsystems durchaus rational handelnd, negative Externalitäten erst erzeugen. Die Wirtschaft hat generell kaum die Freiheit, ineffiziente Wege zu gehen.

Anhänger einer Internalisierungskonzeption nach Pigou, als auch Vertreter der Eigentumsrechtetheorie begreifen das geschilderte Problem als ein Allokationsproblem, wenn auch die jeweils favorisierten Lösungswege sehr unterschiedlich sind. Letztere nehmen de facto einzelwirtschaftliche Standpunkte ein, und Externalitäten sind schließlich eine bloße analytische Kategorie und nicht Ausgangspunkt für wirtschaftspolitisches Handeln. Die Ökonomie gerät ihnen deshalb zur Rechtfertigungslehre des Bestehenden und daraus folgt, daß sie eigentlich auch keinen Zugang zur Problematik des Umweltschutzes haben.[20] Ein Staatsverständnis im Pigouschen Sinne wird dagegen immer durch den gravierenden Mangel unzureichender Informationen über bestimmte Sachverhalte gekennzeichnet sein. Einer grundsätzlichen Notwendigkeit staatlicher Umweltpolitik widerspricht es indes nicht. Unbestritten ist in der Umweltökonomie, daß das anzustrebende Maß an Umweltqualität durch politische Entscheidung festgelegt werden muß. Allerdings soll hier keineswegs vorschnell implizit unterstellt werden, daß staatliche Instanzen generell bei der Problemlösung vorzuziehen seien. Dazu ist der Rahmen, innerhalb dessen sie zu agieren haben und agieren können, zu sehr von Abhängigkeiten und Zwängen, respektive des systemimmanenten Wachstumszwanges, gekennzeichnet.

Wirtschaftliches Wachstum ist nach wie vor eines der wichtigsten Ziele jeglicher Wirtschaftspolitik. Es beinhaltet eine nachhaltige Verbesserung der Güterversorgung sowie die Aufrechterhaltung eines hohen Beschäftigungsgrades und gilt als Voraussetzung für die dauerhafte Finanzierung der sozialen Sicherung und der Milderung von Verteilungskonflikten. Folglich wird Wachstum damit zugleich als eine notwendige Begleiterscheinung wettbewerbsorientierter ökonomischer, vor allem marktwirtschaftlicher Systeme angesehen und bezieht auch seine Legitimation aus dieser Notwendigkeit.
Das im Jahr 1966 in der Bundesrepublik beschlossene „Gesetz zur Förderung der Stabilität und des Wachstums der Wirtschaft" macht zudem deutlich, daß wirtschaftliches Wachstum nicht mehr nur als selbstverständliches Ergebnis des

---

[19] Vgl. Gräber-Seißinger, 1991, S. 126.
[20] Vgl. Maier-Rigaud, 1988, S. 82.

Marktes begriffen wird, sondern eigenständige Aufgabe ist. Dieses Wachstum wurde und wird auch durch eine permanente Schuldenpolitik stimuliert und der Staat als Träger einer großen Menge negativen Kapitals wandelt sich damit zwangsläufig zu einem der wesentlichen Motoren der Wirtschaft und unterliegt dem systemimmanenten Wachstumszwang um so mehr, da dieses Wachstum auch die Erwerbslosigkeit nicht nennenswert zu verringern vermag.[21] Konsequenterweise ist damit auch der Spielraum aller wirtschafts- und finanzpolitischen Maßnahmen derart determiniert, daß sie in erster Linie zu einem stetigen und angemessenen Wirtschaftswachstum beizutragen haben.[22] Wirtschaftsförderung und Wachstumsvorsorge schließen außerdem die staatliche Verantwortung für den technischen Fortschritt zwangsläufig mit ein.

Bekanntermaßen ergibt sich durch dieses vorgegebene Ziel und die Frage nach der ökologischen Angemessenheit menschlichen Wirkens ein entsprechender Konflikt. Die bereits vor Jahrzehnten begonnene und noch keineswegs abgeschlossene Diskussion um die Verträglichkeit von Ökologie und Ökonomie, also Selbsterhaltung und Wachstum, wird zuweilen flankiert von der Forderung nach hinreichenden Beweisen für die Eindeutigkeit der Zusammenhänge bei der Beeinträchtigung der Umwelt durch die wirtschaftliche Tätigkeit. Diese Forderung nach einer Beweisführung erklärt sich aus dem ungebrochenen Glauben, ein komplexes Phänomen exakt erfassen zu können. Hier wird von der Annahme ausgegangen, über genügend Informationen bezüglich eines sich in Millionen von Jahren entwickelten Systems zu verfügen, um Grenzwerte für Belastungen mit Stoffen angeben zu können, die so in diesem System vielfach überhaupt nicht vorkommen. In dieser „Anmaßung von Wissen" liegt für Hayek die Ursache, warum nicht nach den Wirkungen der insbesondere mit der Industrialisierung exponentiell ansteigenden Eingriffe in die Natur gefragt wurde.[23]

Gründe für ein ungebremstes Wachstum lassen sich auch in den unvollständigen theoretisch-konzeptionellen Grundlagen der neoklassischen Umweltökonomie ausfindig machen, worunter hier jenes Teilgebiet der neoklassischen Wohlfahrtsökonomie verstanden werden soll, welches sich mit der Interdependenz von Umweltqualität und menschlicher Wohlfahrt befaßt. Weiter oben wurde bereits auf das existentielle Problem der Knappheit in jeder gesellschaftlichen Ordnung aufmerksam gemacht, aber die ökonomische Theorie vernachlässigt beispielsweise die Tatsache, daß ihre zentralen Determinanten Knappheit und Bedürfnis

---

[21] Vgl. Goldscheid/Schumpeter, 1976, S. 76.
[22] Vgl. Simonis, 1985, S. 104.
[23] Vgl. Hayek, 1975, S. 12ff.

sowohl einen absoluten als auch einen relativen Aspekt haben. Sie arbeitet im wesentlichen mit dem eingeengten Begriff der relativen Knappheit und geht außerdem von unbegrenzten Bedürfnissen der Menschen aus. Folglich besteht bei relativer Knappheit der Ressourcen immer die Möglichkeit ihrer Substitution, und die Frage nach der Sinnhaftigkeit fortgesetzten Wachstums stellt sich bei unbegrenzten Bedürfnissen, die es zu befriedigen gilt, überhaupt nicht.
Absolute Knappheit dagegen impliziert durchaus alle denkbaren Substitutionsmöglichkeiten und verweist dennoch auf ihre Grenzen, die damit zwar zeitlich verschoben werden können, aber in jedem Falle existent bleiben. Daß eine erschöpfbare Ressource im Prinzip substituierbar ist, besagt nicht, daß Substitute rechtzeitig und in hinreichender Menge bereitstehen oder daß auch nur die Preissignale des Marktes den Substitutionsbedarf früh genug antizipieren, um die Verwendung von Substituten, die Suche nach ihnen oder eine entsprechende Anpassung der Bedarfsstruktur einzuleiten. Gleichzeitig erzwingen relative Bedürfnisse ein Nachdenken über eine tatsächliche Wohlfahrtsmehrung im Sinne der Verbesserung der Lebensqualität der Bevölkerung. Wirtschaftswachstum gestattet anerkanntermaßen eine zunehmende Bedürfnisbefriedigung mit Gütern und Dienstleistungen. Deren Bedeutung sinkt allerdings in dem Maße, in dem das materielle Wohlstandsniveau steigt und zwar zugunsten eher immaterieller Komponenten des Wohlstandes, wie etwa die der Umweltqualität. Das Bruttosozialprodukt als Indikator der Wohlfahrt der Bevölkerung unterliegt folglich seit Jahren der Kritik.[24]
Generell wird argumentiert, daß die Steigerung der Wohlfahrt nicht ohne weiteres mit herkömmlich definiertem Wirtschaftswachstum identisch sei oder dieses voraussetzt. Das Rechnungswesen des Bruttosozialproduktes ist fast ausschließlich auf die marktmäßig gehandelten Güter und Dienste beschränkt und bewertet diese mit ihren Marktpreisen. Umweltpolitisch neutral, positiv und negativ zu bewertende Güter und Dienste fließen allein in Höhe ihrer Geldwerte in das Bruttosozialprodukt ein. Werden beispielsweise bestimmte, ursprünglich freie Güter infolge eines zunehmenden Wachstums und seiner Begleiterscheinungen zu marktbewerteten Gütern, tragen diese zum Wirtschaftswachstum bei und täuschen eine vermeintliche Wohlstandserhöhung vor. Auch die Kosten für die Verringerung und Beseitigung der Folgewirkungen von Umweltschäden finden auf diese Weise ihren Ausdruck im Bruttosozialprodukt. Die Orientierung am Sozialprodukt führt bei wohlfahrtsrelevanten Faktoren, für die kein Markt im eigentlichen Sinne besteht, zu Fehlinformationen und beinhaltet des weiteren keine qualitative Komponente.

---

[24] Vgl. Siebert, 1973, S. 79.

Selbstverständlich läßt sich gegenüber der Kritik bezüglich der negativen Auswirkungen wachsender industrieller Entwicklung einwenden, daß eben diese Entwicklung die Lebensbedingungen für viele Menschen erheblich verbessert hat, und es hier für viele andere noch manches nachzuholen gilt. Auch wenn man darüber streiten mag, ob dies ein ausreichendes Argument ist, bleibt doch die Tatsache bestehen, daß wirtschaftliches Wachstum zwar nicht unbedingt in dieser Form, aber grundsätzlich im Hinblick auf die Versorgung von Milliarden Menschen als unverzichtbar gilt. Anhänger eines rigorosen Wachstumsstops müssen sich denn auch den Vorwurf gefallen lassen, die Stabilität der Gesellschaft zu riskieren, da Nullwachstum oder eine unterhalb des Produktivitätsfortschritts liegende Wachstumsrate des Volkseinkommens hohe und steigende Arbeitslosigkeit bedeuten kann und entsprechende Verteilungsprobleme mit sich führt. Wenn dieses der Fall ist, kann fehlendes Wirtschaftswachstum für die Umwelt mitunter sogar gefährlicher sein als Wachstum.[25] Die Forderung, angesichts der Zunahme von Arbeitslosigkeit Umweltschutz zurückhaltender zu betreiben oder generell zurückzustellen, entwickelt dann schnell eine eigene Logik und degradiert jede Umweltpolitik zu einer Funktion konjunktureller Entwicklungen. Hinzu kommt, daß ein Wachstumsstop die ökonomischen Aktivitäten auf dem bestehenden Niveau beläßt und damit eine weitere Verschlechterung der Umweltqualität nicht unbedingt verhindern würde. Das soll statt dessen im Zuge eines qualitativen Wachstums, welches die Chance einer Vereinigung von Umweltschutz und Profit bieten soll, möglich sein. Die entsprechende Diskussion trägt immerhin der Einsicht Rechnung, daß der Fortbestand der Marktwirtschaft nur durch die Erhaltung seiner Lebensgrundlagen gesichert werden kann.

Die Annahme, daß die Umweltbelastung bei qualitativem Wachstum relativ betrachtet abnimmt und sich die Erschöpfung der Ressourcen deutlich verzögert, sehen ihre Vertreter unter anderem durch den anhaltenden Trend zur Dienstleistungsgesellschaft bestätigt, der mit geringerem Kapitaleinsatz und Ressourcenverzehr Wachstum ohne den übermäßigen Einsatz von Sachgütern ermöglicht. Die Alternative der Substitute, bereits erfolgte Innovationen, der Einsatz neuer und verbesserter Explorationstechniken sowie der immer wirtschaftlichere Abbau von Rohstoffen kommen hier unterstützend hinzu. Tatsächlich sagt eine solche Argumentation aber nichts darüber aus, inwieweit beispielsweise ein etwaiges Minderungspotential nicht durch zusätzlichen Verbrauch kompensiert wird. Solche sogenannten rebound-Effekte liegen dann vor, wenn ein effizienter Umgang mit Ressourcen zu einem Wachstumsanstieg führt und etwaige Einsparungsmöglichkeiten in der Folge dadurch aufgezehrt werden.

---

[25] Vgl. Riesenhuber, 1983, S. 18.

Wirtschaftswachstum, sei es quantitativ oder qualitativ, ist ökologisch nicht neutral und auch die Idee des qualitativen Wirtschaftswachstums problematisiert kaum den systemimmanenten Wachstumszwang.[26] Der Marktmechanismus ist von sich aus nicht in der Lage, auf Umweltbelastungen entscheidend zu reagieren oder sich selbst zu begrenzen, und es hängt damit wesentlich von den Rahmenbedingungen ab, welche Resultate er erbringt. Es ist also im folgenden zu prüfen, ob nicht Ergänzungen des Rahmens und der Regeln, die dem Markt von staatlicher Seite auferlegt werden, ökologische Belange berücksichtigen können. Hierbei sollen zunächst kurz die traditionellen staatlichen Interventionsmöglichkeiten und bestehende Handlungsspielräume in Form umweltpolitischer Instrumente im Mittelpunkt stehen.

---

[26] Vgl. Freitag, 1986, S. 111ff.

3 MÖGLICHKEITEN UND GRENZEN STAATLICHER EINWIRKUNGEN

3.1 Staatliche Intervention in traditioneller Form auf der Basis der Grundprinzipien der Umweltpolitik

Die aktuelle Umweltpolitik mit ihrem Einsatz spezifizierter Instrumente gründet sich auf bestimmte Prinzipien, wobei hier das Verursacherprinzip von entscheidender Bedeutung ist. Der Grundgedanke des Verursacherprinzips als zentrale Leitlinie einer marktwirtschaftskonformen Regulierung der Umweltprobleme besagt, daß die Umweltbelastungen als Kosten den Nutzern von Umweltgütern zuzurechnen sind und demgemäß sicherzustellen ist, daß die Kosten in die Wertrechnung der Wirtschaftsakteure eingehen.[27] Idealtypisch soll also das Verursacherprinzip für eine volkswirtschaftlich effiziente Übereinstimmung von privaten und gesellschaftlichen Kosten sorgen. Für die Bundesregierung ist damit die Voraussetzung gegeben, das Interesse an der Schonung der Umwelt bei den einzelnen wirtschaftlichen Entscheidungsträgern auf ein angemessenes Maß erhöhen zu können.[28] Wer mit Kosten für ein knappes Gut belastet wird, eben weil er die Knappheitsfolgen verursacht hat, wird künftig verantwortungsbewußter mit diesem Gut umgehen, und das Tragen dieser Verantwortung wird, auch im Hinblick auf zukünftige Generationen, als Grundbedingung für das Funktionieren der Marktwirtschaft angesehen.

Offensichtlich gelingt aber die Internalisierung externer Folge- oder Zusatzkosten durch das Verursacherprinzip nur unzureichend, wäre doch sonst der verbreitete Einsatz des Gemeinlastprinzips in keiner Weise begründbar. Nach diesem Prinzip ist die Konzipierung umweltpolitischer Maßnahmen dem Staat vorbehalten und deren Finanzierung der Allgemeinheit, die das Staatsbudget durch Steuern alimentiert. Das Gemeinlastprinzip, dessen Einsatz politisch-pragmatisch begründet wird, soll als ergänzende Strategie greifen, wenn der Verursacher nicht auszumachen ist oder ein akuter Notstand mit den Instrumenten des Verursacherprinzips nicht schnell genug beseitigt werden kann. Im Umkehrschluß weist die Existenz des Gemeinlastprinzips damit auf die Schwächen des Verursacherprin-

---

[27] Vgl. Hobbensiefken, 1991, S. 124.
[28] Vgl. Bundesministerium des Innern, 1973, S. 5ff.

zips hin, was bemerkenswert ist, zielt doch das Verursacherprinzip auf eine Verbesserung der Allokation knapper Ressourcen unter Ausnutzung des Marktmechanismus, dessen Funktionsfähigkeit grundsätzlich bejaht wird.

Umweltschäden definieren sich als ein ganzes Bündel von Neben-, Nach- und Fernwirkungen anthropogener Maßnahmen, über Konsequenzketten und Kombinationswirkungen mehrfach verkoppelt, zeitlich und räumlich verlagert, mit einer Tendenz kumulativ zu werden[29] und deshalb in ihrer Ursachenbezogenheit meist schwer überschaubar. Folgerichtig läßt sich hier mitunter sehr wohl von der Illusion der Identifizierbarkeit von Verursachern sprechen[30] und damit auch von ihrer Konsequenz, bestimmte Schäden zu Altlasten zu erklären oder erklären zu müssen, und dem Steuerzahler zur Sanierung zu überlassen. Tatsächlich zeigen sich viele Umweltschäden in ihrem ganzen oft irreversiblen Ausmaß erst stark zeitversetzt, und ihre Kosten entziehen sich einer exakten empirischen Erfassung, Bewertung und einzelwirtschaftlichen Zurechnung, setzt doch jede Bewertung die Kenntnis der Schadensfunktion voraus. Erschwerend kommt hinzu, daß die Durchsetzung des Verursacherprinzips administrativ entsprechend aufwendig ist. Aus diesen Gründen sind den Internalisierungsmöglichkeiten, etwa durch die Erhebung einer Schadensabgabe, Grenzen gesetzt.

Flankiert wird der Leitgedanke des Verursacherprinzips außerdem durch das Kooperationsprinzip, welches Umweltschutz ausdrücklich als Gemeinschaftsaufgabe formuliert, ohne jedoch den Grundsatz der Regierungsverantwortlichkeit in Frage zu stellen. Hier geht es im Grunde um das Verhältnis zwischen individuellen Freiheiten und gesellschaftlichen Bedürfnissen, das mitunter neu definiert werden muß. Mitverantwortlichkeit und Mitwirkung der Betroffenen von umweltbeeinträchtigenden Aktivitäten sowie die Beteiligung bei geplanten Maßnahmen sollen ebenso forciert und verbessert werden wie Aufklärung und ein generelles Umweltbewußtsein. Inwieweit allerdings das Kooperationsprinzip über die üblichen Beteiligungsformen im Rahmen der demokratischen Willensbildung hinausgeht, inwieweit Umweltschutz also in private Verantwortung delegiert werden kann, was dann zumindest einen teilweisen Verzicht an staatlicher Hoheitsgewalt bedeutet, ist unklar und bezüglich umweltpolitischer Problemlagen unterschiedlich.[31] Obwohl das Kooperationsprinzip relativ unverbindlich ist, lassen sich durchaus Erfolge, wie beispielsweise ein gewachsenes Engagement der Bürger in Umweltschutzorganisationen oder auch freiwillige Vereinbarungen auf Seiten der Wirtschaft, vorweisen, auch wenn diese selten über die nähere

[29] Vgl. Kapp, 1988, S. XVII.
[30] Vgl. Maier-Rigaud, 1988, S. 80.
[31] Vgl. Hansjürgen, 1994, S. 72ff.

Zukunft hinausgehen und im wesentlichen vom Eigeninteresse der Handelnden bestimmt sind. Institutionalisiert ist das Kooperationsprinzip durch das Anhörungsrecht im Zuge von umweltpolitischen Gesetzgebungs- oder Genehmigungsverfahren, wobei hier auf die Schwierigkeiten für eine offene und gleichberechtigte Beteiligung aller umweltrelevanten Interessengruppen hinzuweisen ist.

Schließlich ist das Vorsorge- oder Präventionsprinzip als letztes der Basisprinzipien der aktuellen Umweltpolitik zu nennen. Dahinter steht die Einsicht, daß sich Umweltpolitik nicht ausschließlich in der Abwehr drohender Katastrophen oder der Beseitigung eingetretener Schäden erschöpfen kann und solcherart etwa auch zukünftigen Generationen in keiner Weise gerecht wird. Sein Charakteristikum ist daher weniger die Abwehr manifester Umweltgefahren als die vorausdenkende Minderung von Umweltrisiken, also die Vorsorge gegen Umweltbelastungen unterhalb der Schwelle einer konkreten Gefahr. Gerade daraus resultieren allerdings schwierige Verfassungsfragen, insbesondere auch Grundrechtsprobleme, und weil außerdem ein solches ökologisches Präventionsprinzip den Gedanken umfassender Lenkung miteinschließt, kommt es mitunter durchaus zu Bedenken bezüglich eines potentiell totalitären Staates.[32]
Das Vorsorgeprinzip ist im Hinblick auf entsprechende Lenkungssignale für Marktkräfte von Bedeutung, konkrete Angaben über Instrumente zu seiner Durchsetzung werden indes nicht gemacht. Dergestalt vage formuliert, daß Risiken für Mensch und Umwelt dem Fortschreiten wissenschaftlicher Erkenntnisse und technischer Entwicklungen gemäß so gering wie möglich zu halten sind[33], bietet das Vorsorgeprinzip einen entsprechenden Interpretationsspielraum und wenig handlungssteuernde Wirkung, so daß der ursprünglichen Bedeutung kaum Genüge geleistet wird.

3.2 Instrumente der Umweltpolitik

Auf der Basis der geschilderten allokativen Betrachtung des Umweltproblems, der vorgestellten Arbeiten von Pigou und Coase als wesentliche Grundlagen sowie der genannten Prinzipien, wurden umweltpolitische Anreizinstrumente entwickelt, um eine kosteneffiziente Bereitstellung des Gutes Umwelt zu realisieren. Diese sollen idealtypisch gleichzeitig ökologisch wirksam, ökonomisch effizient, politisch gut durchsetzbar, administrativ praktikabel, am

[32] Vgl. Kloepfer, 1989, S. 33.
[33] Vgl. Bundesminister für Umwelt, Naturschutz und Reaktorsicherheit, 1994, S. 28.

besten verteilungsneutral und problemlos in das bestehende Rechts- und Wirtschaftssystem einpaßbar sein.
Eben weil die Rechtsgüter des Umweltschutzes als öffentliche Güter kaum einer Individualspähre mit subjektiver Rechtsdurchsetzungsmacht zuzuordnen sind, ist der Schutz der natürlichen Lebensgrundlagen, die damit zu Gemeinschaftsgütern werden, eine Aufgabe des Gemeinwesens und deren Erhaltung sowie zukünftige Nutzungsmöglichkeiten liegen wiederum im Interesse der zu diesem Gemeinwesen gehörenden Individuen. Das Allgemeininteresse an der Erhaltung der natürlichen Lebensgrundlagen zu konkretisieren und durchzusetzen ist Aufgabe des Staates als einer übergeordneten Regelungsinstanz, welche, so sollte man annehmen, infolge ihres Gewaltmonopols über erforderliche Mittel und Macht verfügt. Die umweltpolitischen Anreizinstrumente sind ein Ausdruck dafür, und es wird zu beurteilen sein, wie erfolgreich diese sind und sein können.
In der Folge soll zunächst ein knapper Überblick über einige der wichtigsten umweltpolitischen Instrumente gegeben werden.

3.2.1 Moral Suasion und Normen

Das Instrument der Moral Suasion, gemeint ist der Versuch einer Beeinflussung der Wertebildung, soll es ermöglichen, daß die Wirtschaftssubjekte durch staatliche Bereitstellung objektiver Informationen über Umweltprobleme dazu angehalten werden, die Umweltproblematik in ihrer Zielfunktion zu berücksichtigen. Hier geht es also um die Idee einer quasi staatlich begründeten Umweltethik, wobei ein solcher Versuch auch durch nicht-staatliche Institutionen wie der Kirchen oder Verbänden unternommen werden kann und auch wird. Da mit ihr allerdings die Individualinteressen sehr unterschiedlich tangiert werden und kurzfristig durchaus nicht nur Vorteile zu erwarten sind, kann eine allgemeine Akzeptanz kaum erwartet werden. Die notwendige Gleichschaltung individuellen Handelns kann dann in der Tat die Inanspruchnahme staatlicher Machtmittel und repressiven Sozialverhaltens begünstigen. Problematisch ist außerdem, daß sich die mit den erforderlichen staatlichen Mitteln ausgestatteten Institutionen zur Kontrolle normgerechten Verhaltens durch die Tendenz zur Entwicklung von Eigeninteressen auszeichnen, ein Umstand, der an anderer Stelle noch ausführlicher zu diskutieren sein wird.

Sanktionshandlungen zum Schutz bestimmter Güter werden mit zunehmender Größe und Anonymität einer Gesellschaft zumeist institutionalisiert und monopolisiert, wodurch die soziale Norm zum Recht wird und damit auch zum gesellschaftlichen Ordner, der bestimmte Handlungen verteuert.[34] Detaillierte und sanktionierte Verhaltensge- und verbote können allerdings die Ethik diskreditieren und Widerstand provozieren. Der Marktmechanismus mit seiner individuellen Nutzenmaximierung bietet zumindest die Möglichkeit, ökologische Ziele durch Setzung entsprechender Randbedingungen zu realisieren und ein Verzicht auf diesen Mechanismus hat hohe Kosten der Freiheit zur Folge.[35] Man kann durchaus darüber streiten, inwieweit Normen zur Steuerung des Verhaltens für richtige Umweltnutzung geeignet sind, für Grundsatzentscheidungen sind sie unverzichtbar.

So definiert sich der Organisationsmechanismus einer Gesellschaft ganz wesentlich über Normen, indem beispielsweise Willkürhandlungen prinzipiell unterbunden sind; daß dies nur unvollständig gelingt, ist auf die damit verbundenen hohen Kosten zurückzuführen, ändert aber nichts an der Richtigkeit der Ursprungsaussage. Es besteht ein Konsens der Gesellschaftsmitglieder, daß bestimmte nutzbringende Handlungen generell untersagt sein sollen und damit normiert und sanktioniert werden. Die erforderliche Konsensbildung über, in diesem Falle, Art, Verteilung und Ausgestaltung von Verfügungsrechten über Umwelt ist auch und gerade gekennzeichnet von der Gemeinsamkeit moralischer Überzeugungen. Es ist wichtig, Argumente für eine bestimmte Norm und damit für eine mögliche Überzeugung anderer zu haben, und das umso mehr, sollten sich tatsächliche oder scheinbare Widersprüche zu anderen Normen, wie beispielsweise zwischen Umweltschutz und politischen und sozialen Zielen, ergeben. Im Hinblick auf die Lebensbedingungen zukünftiger Generationen mit ihren uns unbekannten Präferenzen ist langfristige Vorsorge und damit auch der eventuelle Verzicht auf Ressourcennutzung sogar ganz entscheidend von der Entwicklung einer geeigneten Moral abhängig und nur mit ihr zu gewährleisten.[36]

Ethisch-moralische Überlegungen und Normen können und sollen hier nicht umfassend behandelt werden und sind auch in der entsprechenden Literatur noch keineswegs erschöpfend diskutiert. An dieser Stelle sei vorerst nur soviel angemerkt, daß staatlicher Umweltschutz auf die Mitwirkung der einzelnen Bürger und der gesellschaftlichen Gruppen angewiesen ist, sofern in der Anwendung repressiver Instrumente keine Alternative gesehen wird. Ein erfolgreiches Zusammenwirken setzt aber ein entsprechendes Umweltbewußtsein voraus, welches wiederum über entsprechende Präferenzenäußerungen, etwa bei Wahlen, Druck auf Politik und Verwaltung zur Durchführung konkreter

---

[34] Vgl. Eger/Weise, 1990, S. 75ff.
[35] Vgl. Frank, 1989, S. 41.
[36] Vgl. z.B. Jonas, 1979.

umweltpolitischer Maßnahmen hervorrufen kann. Diesbezügliche Informations- und Aufklärungsarbeit muß daher unbedingt zum, vielleicht auch gesetzlich zu regelnden, Kernbereich staatlicher Umweltpolitik gehören, gerade weil Umweltschutz zwar grundsätzlich als eine öffentliche, im Sinne von gemeinschaftsbezogene, aber eben nicht durchgehend als eine staatliche Aufgabe zu qualifizieren ist.

3.2.2 Ordnungsrecht und Auflagen

Ge- und Verbote sowie Auflagen sind nach wie vor die zentralen Instrumente, welche die Umweltpolitik in den meisten Industrienationen eindeutig dominieren. Die hier diskutierten Instrumente sollen zuvorderst dem Ziel dienen, in einer abgegrenzten Region eine vorgegebene absolute Emissionshöchstgrenze für einen bestimmten Schadstoff einzuhalten. Mit diesem Ziel legitimiert sich auch die ordnungsrechtliche Maßnahme des Verbots, etwa im Falle der „Nullemission", wenn also die Emission besonders gefährlicher Schadstoffe insgesamt zu unterlassen ist. Bestimmte Bereiche von Umweltrisiken, die etwa die immer wichtiger werdenden Stoffe mit akuter Toxizität betreffen, sind damit von vornherein von einer marktvermittelten Regulierung ausgeschlossen. Ist allerdings eine zulässige Maximalemission zu beachten, kommt die Auflagenpolitik zum Tragen, welche eben diese Höchstgrenze und die anzuwendenden produktions- und umwelttechnischen Verfahren vorschreibt und erläßt. Sie impliziert Vorschriften hinsichtlich der Verwendung von Produktionsfaktoren, der Technologien, der Eigenschaften der produzierten Güter und der Schadstoffbelastungen. Es handelt sich damit um eine direkte umweltbezogene Verhaltensvorschrift für die Umwelt beeinträchtigende Wirtschaftssubjekte, mit denen umweltpolitische Instanzen ihre Zielvorstellungen durchsetzen wollen.[37]

Der restriktive Charakter einer auflagenorientierten Umweltpolitik ermöglicht auf den ersten Blick durchaus eine befriedigende ökologische Treffsicherheit und verspricht außerdem eine gute politische Durchsetzbarkeit. Auflagen sind die intuitiv unmittelbar einleuchtende Reaktion auf die Wahrnehmung eines akuten Mißstandes, erlauben eine Profilierung der Politiker durch ökologisch einschneidend erscheinende allgemeine Programme, deren konkrete Konsequenzen auf nachgeordneter Ebene für die Öffentlichkeit kaum transparent sind, und schließlich wird auch die Industrie nicht unzumutbar belastet. Für Emissionen, die unterhalb der zulässigen Grenze liegen, sind nach wie vor keine Kosten zu

---

[37] Vgl. Wicke, 1991, S. 169.

entrichten und im übrigen erlaubt etwa das Arbeitsplatzargument ein Einwirken auf ihre Ausgestaltung im Sinne der einzelwirtschaftlichen Entscheidungsträger.[38]

Dennoch oder gerade deshalb unterliegt die Auflagenpolitik zunehmender Kritik. Es besteht kaum ein ökonomischer Anreiz, staatlich gesetzte Grenzwerte zu unterschreiten oder umweltfreundliche Technologien zu entwickeln, da dies mit keinerlei Kostenvorteil verbunden ist sondern allenfalls zu einer Auflagenverschärfung führt. Der Staat übernimmt hier außerdem die kaum lösbare Aufgabe, den aktuellen Stand der Vermeidungstechnologie zu bestimmen und kann sich dabei aus den genannten Gründen gerade nicht auf eine Kooperation mit den Unternehmen stützen. Die Auflagenpolitik ist damit als ineffizient zu bewerten und darüberhinaus mit zu hohen Kosten belastet, da beispielsweise auch bei identischen Standards für gleichartige Verursacher unterschiedliche Reduktions- und Vermeidungskosten nicht berücksichtigt werden. Schließlich erfordern Wachstum und Inflation laufende Anpassungen bei den Auflagen, die zudem keinen fiskalischen Ertrag für eventuelle Altsanierungen oder die Forschung erbringen.
Trotzdem wird auf dieses weit verbreitete, häufig angewandte Instrumentarium der Ge- und Verbote und der Auflagen kaum verzichtet werden können, da sie unmittelbarer als andere Instrumente auf akute Gefahren reagieren können, und sich umweltpolitisches Handeln immer noch vorzugsweise als Reaktion auf bereits sichtbare und erhebliche Schäden sowie öffentlichen Druck begreift.

Immerhin entwickelte sich aufgrund deutlicher Ineffizienzen der Auflagenpolitik die Forderung nach marktwirtschaftlichen oder marktorientierten Instrumenten des Umweltschutzes. Primär bedeutet diese Forderung, daß sich Umweltschutz im Rahmen einer „rationalen Umweltpolitik“ lohnen muß, und über das Eigeninteresse bei den Unternehmen ein kostengünstiger und profitabler Weg möglich ist, der staatliche Eingriffe reduziert und gleichzeitig den Unternehmen mehr Spielraum zubilligt. Die bestehende Umweltpolitik wird von Vertretern marktwirtschaftlicher Instrumente wegen ihres bürokratischen Charakters und ihrer mangelnden Flexibilität abseits akuter Gefahren kritisiert.
Aus den Schwächen der Auflagenpolitik resultiert die Notwendigkeit der Diskussion um Alternativen und Ergänzungen, respektive Preis- und Mengenlösungen marktorientierter Instrumente.

---

[38] Vgl. Endres, 1985, S. 100ff.

3.2.3 Abgaben

In der wohlfahrtsökonomischen Literatur werden Umweltabgaben als klassische Möglichkeit zur Internalisierung externer Effekte empfohlen. Sie existieren in unterschiedlichen Formen und sollen im engeren Sinne eine bestimmte Anreizfunktion schaffen, um die von umweltpolitischen Instanzen angestrebten Ziele zu verwirklichen. In der Öffentlichkeit werden sie im Augenblick unter dem spezifischen Aspekt der sogenannten „Öko-Steuern" diskutiert. Ihre konkrete Umsetzung im geltenden Recht findet sich beispielsweise im Abwasserabgabengesetz.

Bei der auf Pigou zurückgehenden Umweltsteuer, etwa in Form einer Schadstoffabgabe, ist für jede emittierte Einheit des betreffenden Schadstoffes ein entsprechender Abgabensatz zu zahlen. Umweltbelastende Aktivitäten werden hier nicht unmittelbar begrenzt, sondern für ihren Verursacher verteuert, indem der Staat einen Preis der Umweltnutzung festlegt, der sich wegen der Öffentlichkeit des Gutes Umwelt nicht automatisch herausbildet. Übersteigt der Abgabensatz die Grenzkosten der Installierung von Vermeidungstechnologie, wird der Verursacher auf die Umweltverschmutzung verzichten. Im umgekehrten Falle wird er eine Abgabe für sein Umweltnutzungsrecht entrichten. Im Vergleich zur Auflagenregelung erfordert die Abgabenlösung für die Sicherstellung einer bestimmten Umweltqualität geringere volkswirtschaftliche Kosten und bietet darüber hinaus, weil sie permanent zu zahlen ist, eine dynamische Anreizwirkung, durch technischen Fortschritt die Abgabenbelastung zu verringern und so mit Steuerersparnissen belohnt zu werden. Es handelt sich hier also nicht um eine Steuer mit vornehmlich fiskalischem Charakter, sondern eher um ein Lenkungsinstrument, welches Anreize für bestimmte Verhaltensweisen schaffen soll. Allerdings steht die Identifizierung von Anpassungsproblemen, neuen Handlungsmöglichkeiten und Innovationskompetenzen, die einen Marktverbleib sichern, naturgemäß nicht im Mittelpunkt einer allokationstheoretischen Betrachtungsweise.

Folgt man den Überlegungen Pigous, ließe sich mit der Abgabenlösung theoretisch ein pareto-optimales Ergebnis erzielen, wenn Verursacher von Umweltschädigungen eine Steuer genau in der Höhe auferlegt bekämen, in der das umweltökonomische Optimum erreicht würde. Eine ökologisch effiziente Abgabenlösung setzt allerdings die Kenntnis der richtigen Abgabenhöhe voraus, wofür wiederum die Bedeutung und Bewertung aller Schäden notwendig ist. Bonus betrachtet Umweltabgaben als Schattenpreise institutioneller Restriktionen der Nutzung von Umweltressourcen; diese sind tatsächlich unbekannt und ändern

sich fortwährend.[39] Folglich ist es eher unwahrscheinlich und günstigstenfalls zufällig, daß die von zentralen Instanzen festgelegten Abgaben zur Einhaltung von ökologischen Standards jemals die richtige Höhe erreichen. Der Staat muß hier laufend regulierend eingreifen und sollte doch lediglich die Rahmenbedingungen festlegen.
Schließlich wird auch die politische Durchsetzung der Abgabenlösung bei den Verursachern auf Ablehnung treffen, ist sie doch für sie, verglichen mit den Auflagen, teurer. Die Kosten, die der Emittent einander gegenüberstellt, bestehen bei der Steuer aus der Summe von Emissionsvermeidungskosten und Steuerlast, bei der Auflage dagegen nur aus den Emissionsvermeidungskosten.

3.2.4 Zertifikate

Im Gegensatz zu den Abgaben, die zu den Preislösungen gehören, sind Umweltlizenzen oder auch synonym Umweltzertifikate der Alternative der Mengenlösungen zuzuordnen. Mit diesem Instrument will der Staat durch die Ausgabe oder den Verkauf von Umweltzertifikaten seine umweltpolitischen Ziele durchsetzen und auf diesem Wege ökologische Restriktionen direkt über die mengenmäßige Kontingentierung insgesamt zulässiger Umweltnutzungen ansteuern.

In diesem Konzept marktlich orientierter Umweltschutzpolitik finden sich Elemente einer Verhandlungslösung nach Coase wieder, insofern, als auch hier private Verfügungsrechte zwar nicht an den einzelnen Umweltmedien, sondern an den Emissionen geschaffen werden sollen und die Allokation dem Marktprozeß überlassen bleibt.[40] Der Preismechanismus wird zur anreizgerechten Steuerung der Umweltqualität genutzt und die Preisbildung selbst einem spezifischen Markt übergeben. Auf diesem werden Berechtigungsscheine, Zertifikate, gehandelt, die emittierende Unternehmen zu einer entsprechenden Art und Menge von Emissionen berechtigen, während dies für Nichterwerber ausgeschlossen ist. Gleichwohl ist zu beachten, daß es sich lediglich um eine „Quasi-Marktlösung" handelt, da die Angebotsseite nicht durch private Anbieter, sondern durch eine staatliche Instanz repräsentiert wird, die die Obergrenze der Gesamtemissionsmenge vorgibt und festlegt. Zertifikatskonzepte versuchen also nicht, eine marktwirtschaftliche Lösung des Zielbestimmungsproblems vorzunehmen,

---

39 Vgl. Bonus, 1990, S. 347.
40 Vgl. Weimann, 1990, S. 157.

sondern setzen einen politischen Prozeß voraus. Die Aufgabe des Staates entspricht jener der Ermittlung von Standards und Grenzwerten bei der Umweltsteuer, und wenn man davon ausgeht, daß der Zertifikatsvergabe die gleichen Standards zugrunde liegen, so wird deutlich, daß nun der Zertifikatsmarkt analog der Bürokratie bei der Steuerlösung die Aufgabe hat, den Preis zu ermitteln, bei dem die Standards erfüllt werden.

Vorausgesetzt, daß die mengenmäßige Einhaltung der Restriktionen einer entsprechenden Kontrolle unterliegt, weisen sich Zertifikate in ökologischer Hinsicht als effizient aus. Die Drosselung der gesamten Emissionsmenge im geforderten Umfang ist unabhängig vom Ausmaß des Handels von Zertifikaten oder auch von eventuellen Freikäufen bestimmter Emittenten und damit in jedem Falle sichergestellt. Sie sorgen für den Verzicht auf eine Umweltnutzung an den Stellen, an denen dieser Faktor relativ leicht substituiert werden kann und bewirken dies bei geringerem Kostenaufwand, da keine zentrale Preisbestimmung notwendig ist. Beim Einsatz von Emissionszertifikaten besteht zunächst derselbe finanzielle Anreiz zur Innovation wie bei steuerlichen Abgaben. Je weiter die Emission durch umwelttechnischen Fortschritt reduziert wird, desto mehr Ausgaben für Zertifikate spart das Unternehmen und freigewordene Zertifikate können an Dritte, durchaus auch an Betroffene oder organisierte Verbände wie Umweltschutzorganisationen, weiterveräußert werden. Auch bei Nichtnutzung erlaubt ihnen der Erwerb ein Einbringen ihrer umweltpolitischen Zielvorstellungen in den Marktprozeß.

Allerdings stehen den Vorteilen einer solchen Konzeption auch einige Probleme gegenüber. So kann etwa eine stetige Verbesserung der Vermeidungstechnologie langfristig zu einer Entspannung auf dem Zertifikatmarkt führen und deren Nachfrage deutlich verringern, so daß der Kurs verfällt und damit eine weitere Anreizwirkung aufgehoben wird. Der Staat hat dann beispielsweise die Möglichkeit, Emissionsrechte etwa durch regelmäßige Abwertung oder Aufkauf aus dem Markt zu nehmen und dadurch den gewünschten Emissionsstandard erneut festzulegen oder zu verschärfen. Die Probleme der Organisation von Zertifikatlösungen, wie die Transaktionskosten für Entstehung und Ablauf des Zertifikatmarktes, die Bestimmung des effizienten Zertifikatsvolumens und der Anfangsausstattung der Verursacher, eine freie Vergabe („grandfathering“) oder Versteigerung und befristete und unbefristete Zertifikate sowie Fragen der räumlichen Differenzierung werden in der entsprechenden Literatur[41] ausführlich besprochen. Festzuhalten bleibt allerdings noch einmal, daß es sich keineswegs um eine Marktlösung, sondern allenfalls um eine, mit Schwächen wie recht

---

[41] Vgl. z.B. Kemper, 1989, Binder, 1990 oder Cansier, 1993.

umfangreichen Genehmigungs- und Überwachungsverfahren behafteten, Marktsimulation handelt. Gleichzeitig sollte deutlich geworden sein, daß damit auch der Anspruch der Wohlfahrtsökonomie auf höhere ökologische Allokationseffizienz relativiert werden muß.

Obwohl Zertifikatlösungen in der Umweltökonomie schon lange diskutiert[42] und von vielen Ökonomen neben dem Haftungsrecht[43] präferiert werden, sind sie gegenüber dem Steueransatz und einem zu einem immer dichter werdenden Regelungsnetz ausgebauten Ordnungsrecht politisch eher unattraktiv. Dies gilt für die Bundesrepublik Deutschland ebenso wie für die meisten anderen europäischen Staaten, in denen, sofern ökonomische Anreizinstrumente neben den genannten Instrumenten überhaupt berücksichtigt werden, Abgabenlösungen zumeist der Vorrang eingeräumt wird. Kritiker sehen im Handel von Emissionsrechten den Höhepunkt ökonomischer Unmoral, da die Ökonomie als Urheber der Umweltkrise angesehen wird und Zertifikate in diesem Sinne schnell zu einem, meistbietend gehandelten, Recht zur Schädigung der Umwelt werden. Die politische Durchsetzbarkeit dieses Instrumentes wird hier solange an der mangelnden Akzeptanz, ob rational oder irrational begründet, scheitern, solange es nicht gelingt, in der Öffentlichkeit den Gedanken verständlich zu machen, daß sich anspruchsvollere umweltpolitische Ziele am ehesten erreichen lassen, wenn sie effizient, also billiger als bisher verfolgt werden. Direkte staatliche Eingriffe regeln die Umweltbelastung durch Erteilung von Genehmigungen an individuelle Verursacher und damit werden, wie bei den Zertifikaten, Verschmutzungsrechte zugewiesen, ohne jedoch die Vorteile des Preismechanismus für eine effizientere Lösung zu nutzen.

Die mangelnde Auseinandersetzung mit der Konzeption eines Marktes für Umweltzertifikate in Europa steht im bemerkenswerten Gegensatz zu den Entwicklungen in den USA, wo, nach einigen früheren Versuchen, in der Luftreinhaltepolitik mit der Verabschiedung der Novelle des Clean Air Act (CAA) bereits 1990 ein nationaler Zertifikatmarkt für Schwefeldioxid beschlossen wurde.[44] An diesem Beispiel werden die Erfolgsbedingungen für die Einrichtung und das Funktionieren von Zertifikatmärkten in der Umweltpolitik zur Zeit untersucht, denn es handelt sich um den ersten umfassenden Versuch, ein funktionsfähiges System handelbarer Emissionszertifikate mit entsprechenden Kontrollen und Sanktionen zu errichten.[45] In Deutschland ist auf ein ähnliches

---

[42] Vgl. z.B. Dales, 1968.
[43] Vgl. z.B. Cansier, 1993.
[44] Vgl. Endres/Schwarze, 1994.
[45] Vgl. Hansjürgen/Fromm, 1994, S. 478ff.

Forschungsvorhaben kaum zu verweisen, denn die beispielsweise in der Region Basel eingeführten Emissionsgutschriften und Emissionsverbunde werden den ökonomischen Anforderungen an ein Zertifikatsystem nicht gerecht und führen lediglich zu einer Flexibilisierung des Ordnungsrechts.[46]

Zusammenfassend ist zu sagen, daß die in kurzer Form dargestellten Instrumente bis auf den Bereich der Ethik und der Normen unmittelbar an die emittierte Menge anknüpfen und lediglich unter Verwendung von bereits bekanntem und bewiesenem Wissen über Wirkungszusammenhänge angewendet werden. Damit wird deutlich, daß trotz des Grundprinzips der Vorsorge, welches neben den genannten anderen einen zumindest gleichwertigen Rang im Umweltprogramm der Bundesregierung einnehmen sollte, eine reaktive und keine präventive Umweltpolitik betrieben wird.[47] Erst wenn am Ende einer betrachteten Zeitspanne der tatsächliche Schaden bekannt ist oder sich die Emission als schädlicher herausgestellt hat als ursprünglich angenommen, wird reagiert oder revidiert. Eine ganzheitliche integrierte Betrachtung, die für eine wirksame Prävention zwingend nötig wäre, entwickelt sich nicht und setzt außerdem auch etwas voraus, das aus der Summe individueller Erfahrung nicht entsteht, nämlich das Erkennen von Zusammenhängen.
Von dem Gedanken an eine allgemeine Anwendbarkeit eines bestimmten Instrumentes ist also Abstand zu nehmen. Dort, wo die entsprechenden Funktionsbedingungen für ihre Wirksamkeit gegeben sind, sollten sie auch eingesetzt werden. Unterschiedliche Probleme verlangen unterschiedliche Lösungen, die wiederum durchaus einem gemeinsamen Ziel dienen können und unter dem Stichwort „Instrumentenmix“ diskutiert werden. Eine vollständige Internalisierung externer Effekte wird freilich eher eine Illusion bleiben.[48]

3.3 Grenzen der aktuellen Umweltpolitik

Die vorangegangenen Ausführungen konnten zeigen, daß unabhängig von der jeweils favorisierten Konzeption und Kombination umweltpolitischer Instrumente staatlicher Handlungsbedarf in entsprechend unterschiedlichem Ausmaß für das Erreichen eines umweltökonomischen Optimums in jedem Fall existiert. Eine umweltpolitische Instanz muß generell die Umsetzung des zur Verfügung stehenden umweltpolitischen Instrumentariums garantieren, Pflichten festlegen,

---

[46] Vgl. dazu ausführlicher Staehlin-Witt/Spillmann, 1994.
[47] Vgl. Panther, 1992, S. 52f.
[48] Vgl. Gawel, 1994a, S. 38.

Freiheiten gewähren und weiterhin entscheiden, welches Umweltqualitätsniveau von einer Gesellschaft gewünscht wird, und wie die zur Erlangung dieses Niveaus erforderlichen Kosten verteilt werden sollen. Umweltpolitik ist also gerade auch in Gesellschaften, in denen Pluralismus und Liberalität anerkannte und geschätzte Werte sind, unabdingbar. Zudem ergibt sich aus dem Tatbestand der staatlichen Zuteilung oder Wegnahme individueller Nutzungsrechte an öffentlichen Umweltgütern und einer solcherart direkt oder indirekt bestimmten Umweltqualität eine ausgesprochene Verpflichtung für einen sorgsamen Umgang mit der Umwelt. In der Tat kann die bisherige Umweltpolitik auf einige Erfolge verweisen, so beispielsweise in den Bereichen der Luftreinhaltung, wo Schwefeldioxid- und Kohlenmonoxidemissionen deutlich abgenommen haben, und beim Gewässerschutz.[49] Eine solche graduelle Verbesserung einzelner Umweltmedien ist aber zu einem großen Teil das Resultat von gesetzlich verordnetem Einbau nachgeschalteter Entsorgungstechnologien (sogenannte „end-of-the-pipe"-Technologien), wie etwa Rauchgasentschwefelungsanlagen, und keineswegs das Ergebnis einer medienübergreifenden Umweltschutzkonzeption. Auf diese Weise tendiert Umweltpolitik dazu, sich in einer Art „technokratischer Symptombekämpfung"[50] zu erschöpfen. Bei einer „idealen" Verwaltung von Eigentums- und Nutzungsrechten auf kollektiver Ebene in Form von staatlicher Regulierung dürften Verschlechterungen des Umweltzustandes oder gar Umweltkatastrophen gar nicht möglich sein. Die Tatsache, daß diese dennoch und in zunehmendem Maße auftreten, impliziert die Notwendigkeit, sich mit den offensichtlich bestehenden Grenzen der aktuellen Umweltpolitik auseinanderzusetzen.

Das dominierende ordnungsrechtliche Vorgehen bei Umweltbelangen sowie die unzureichende politische Durchsetzung von theoretisch weit entwickelten umweltpolitischen Konzepten, etwa die ökonomischen Anreizinstrumente, zeigen deutlich, daß das Hauptgewicht der Steuerung von Umweltqualität auf kollektiver Ebene liegt. Die konkrete Ausgestaltung der Verfügungsrechte erfolgt durch die staatliche Bürokratie im Rahmen ihrer vom Parlament zugewiesenen Befugnisse. Da diese zugeteilt, eingeschränkt oder ausgeweitet werden können, und sich die Entscheidungsvoraussetzungen laufend ändern und anpassen müssen, unterliegen gesetzte Standards entsprechenden Problemen. Sie tragen individuellen

---

[49] Das Wuppertaler Institut für Klima, Umwelt und Energie konstatiert dagegen erhebliche Mängel und Fehlentwicklungen im Umweltbereich. So ist der Materialaufwand der deutschen Wirtschaft nach wie vor viel zu hoch, die Steuerpolitik gibt die falschen Signale, der Personen- und Güterverkehr nimmt stetig zu und der Anteil der Fläche, die in Deutschland für den Naturschutz zur Verfügung steht, liegt mit etwa 4 Prozent weit unter dem EU-Zielwert von 15 Prozent. Vgl. Der Spiegel 31/1997, S. 20.

[50] Vgl. Jänicke, 1986, S. 59ff.

Präferenzen, respektive auch zukünftigen, kaum Rechnung und beinhalten Informationsdefizite bezüglich Art und Ausmaß der Schäden.

Die Regeln und Institutionen einer Gesellschaft dienen der Stabilisierung der Verhältnisse, und die Institutionen Eigentum und Staat sind hierfür exemplarisch. Die Verteidigung von Besitzständen und erworbenen Rechten sowie die Vorbeugung vor Veränderungen und Überraschungen sind für den Menschen allgemein charakteristisch, und so wird es nicht verwundern, daß auch politisch-administrative Systeme im Grunde statisch orientiert sind und wegen ihrer notwendigerweise juristisch festgeschriebenen Grundlagen besonders auf die Erhaltung bestimmter Bedingungen fixiert sind. Neben den stabilisierenden Funktionen, die die Verfassungen der westlichen Demokratien dem Staat zuweisen, begrenzen sie zum Schutz des einzelnen auch ihren eigenen Handlungsspielraum. Im Zusammenhang mit der Umweltpolitik stehen hier die Institutionen des Privateigentums und generell die relativ starke Rechtsposition des einzelnen dem staatlichen Gestaltungswillen entgegen. Staatliche Gewalt stößt an von ihr selbst institutionalisierte Grenzen. Der Staat schützt und garantiert die private Eigentumsordnung und ist zudem als Steuerstaat von der unbeeinträchtigten Reproduktion dieser Eigentumsordnung fiskalisch abhängig, so daß dadurch diejenigen gesellschaftlichen Akteure mit den rechtlichen Ressourcen zur Gegenwehr ausgestattet werden, an deren Interessen dann globale und gemeinwohlbezogene Strategien scheitern.[51] Die Argumentation der wirtschaftlichen Unvertretbarkeit und technischen Unlösbarkeit umweltpolitischer Maßnahmen kann sich mit hohen Erfolgsaussichten auf die bestehende Rechtsordnung stützen. Das politisch-administrative System ist in diesem Falle nur konsequent, wenn es die umweltpolischen Ziele von vornherein bescheiden formuliert, zeitlich hinausschiebt oder überhaupt freiwillige kooperative Lösungen vorzieht und somit jedem Konflikt mit der Wirtschaft und dem eigenen statischen Selbstverständnis vermeidet.

Das dargestellte Wachstumsdilemma hat deutlich gemacht, daß staatliche Umweltpolitik zwangsläufig mit dem Problem der Konzentration ökonomischer Macht konfrontiert ist. Die aussichtsreichste Möglichkeit, die Industrie in die Verantwortung einzubeziehen, kann nur darin bestehen, nach den Bedingungen zu forschen, unter denen bestimmte Akteure ein eigenes Interesse daran entwickeln könnten, umweltrelevante Beiträge zu liefern. Dazu gehört die Einsicht, daß die, keineswegs perfekten, marktwirtschaftlich orientierten Instrumente den dominierenden bürokratisch-dirigistischen Instrumenten mitunter durchaus vorzuziehen sind. Letztere, wie Verbote und Auflagen, sind ineffizient,

[51] Vgl. Offe, 1987, S. 311f.

nehmen auf unterschiedliche Vermeidungskosten keine Rücksicht und wirken durch die festen Grenzwerte sowie die staatlich vorgeschriebenen technischen Standards innovationshemmend bezüglich vorsorglicher Verfahrens- und Produktionsentwicklungen.[52] Problemverursacher sollten an Lösungsstrategien beteiligt werden, da bei ihnen auch in dieser Hinsicht ein großes Kompetenzpotential zu erwarten ist. Eine langfristige strategische Perspektive kann nur im integrierten Umweltschutz liegen und das bedeutet auch Produkt- und Verfahrensinnovationen durch und mit denjenigen, die über die notwendigen Informationen verfügen. Erschwerend wirkt sich hier allerdings die bestehende Dominanz ordnungsrechtlicher Umweltpolitik aus, die dem Staat Vorrang vor der Gesellschaft gibt und Unternehmen und Verbraucher aus der unmittelbaren Verantwortung nimmt.[53] Würden die Prioritäten anstelle einer ordnungsrechtlich-bürokratischen bei einer zivilrechtlich-marktwirtschaftlichen Umweltpolitik liegen, wäre vermutlich eigenverantwortliche Tätigkeit in größerem Umfang gefordert, ehe der Staat subsidiär eingreift.
Hinzu kommt, daß mehr Vorschriften existieren, als ohne kontraproduktive Bürokratisierung vollzogen werden können, so daß ein stetiges Vollzugsdefizit konsequenterweise noch mehr Bürokratie und staatlichen Umweltdirigismus erzeugt. Exekutiert wird dieses bürokratische Unterfangen durch eine zu großen Teilen schlecht organisierte, weil entlang zufälliger Umweltkatastrophen ins Leben gerufene staatliche Verwaltung[54], die zudem den angesprochenen Informationsrestriktionen ausgesetzt ist. Es kann sich hierbei um ein fundamentales Nicht-Wissen bezüglich bestimmter Ursache-Wirkungsmechanismen handeln[55], oder auch „nur" um Situationen mit asymmetrischer Informationsverteilung, wie sie etwa beim Einsatz der traditionellen umweltpolitischen Instrumente fast immer, und fast immer zuungunsten des Staates gegeben sind.[56]
Die beschränkte Problemwahrnehmung und die Einengung in der Problemanalyse setzen sich dann in der Konzeption von Maßnahmen fort. Handeln unter Komplexität und Unsicherheit schließt die Überschaubarkeit der Handlungsfolgen weitgehend aus und überfordert jeden einzelnen und auch jede einzelne gesellschaftliche Gruppe. Die Einsicht in das Nicht-Wissen sollte folglich eine elementare Vorsicht bezüglich jeder Intervention in das natürliche System

---

[52] Vgl. Steger, 1988, S. 61f.
[53] Vgl. Huber, 1991, S. 10ff.
[54] Vgl. Fischer, 1989, S. 50.
[55] „Wissenschaftstheoretisch ist es naheliegend, daß der Mensch niemals in der Lage sein wird, alle denkbaren Folgen, alle Synergismen und Antagonismen von Stoffen und Stoffkombinationen in der Umwelt und schon gar nicht die Auswirkungen dieser Zusammenhänge in Raum und Zeit so vorherzusehen, daß politisch rechtzeitig gegengesteuert werden kann." Schmidt-Bleek, 1994, S. 63ff.
[56] Vgl. Keck, 1988, S. 108f.

begründen.[57] Inwieweit die Forderung nach einer solchen Vorsicht dann allerdings noch Handlungsanweisungen oder wirtschaftliches Leben zuläßt und zulassen kann, bleibt ungeklärt und bedarf der steten, auch kompromißbereiten Auseinandersetzung.

Schließlich muß eine politische Instanz, die einen neuen umweltpolitischen Handlungsbedarf diskutiert, zugleich erklären, warum dieser Handlungsbedarf bisher übersehen wurde. Somit besteht nicht nur bei Verursachern in Wirtschaft und Industrie, sondern durchaus auch bei den Akteuren in Administration und Politik ein rationales Interesse, sich grundsätzlich eher unwissender zu repräsentieren. Das Ergebnis unter solcherart bestehenden Restriktionen ist in jedem Falle fatal und verhindert eine wirksame präventive Umweltpolitik.

Eine auf das öffentliche Gut Umwelt gerichtete Politik hat sich darüberhinaus mit der Tatsache auseinanderzusetzen, daß die Möglichkeit der Fehlerkorrektur begrenzt ist. Dies ist ein deutlicher Nachteil im Gegensatz zu anderen Politikfeldern. Umweltbeeinträchtigende Aktivitäten haben mitunter irreversible Folgen, und das für Steuerungsprozesse unentbehrliche Zustandekommen von Lernprozessen ist damit verhindert.[58] Bei Kompromissen stehen temporären Vorteilen oder vermeintlichen Zielgewinnen in traditionellen Politikbereichen dauerhafte Verschlechterungen der Umweltqualität gegenüber. Politik soll empirisch bestimmt sein und auf Erfahrungen beruhen. Von einer präventiven Politik aber wird verlangt, zunehmend Negativerfahrungen zu antizipieren, ohne über einen entsprechenden Erfahrungsdruck als politische Ressource zu verfügen.[59]

Gesehen werden muß außerdem, daß der Staat umweltpolitisch keineswegs lediglich ein neutrales Vollzugsorgan darstellt. Der Einsatz von Subventionen und Steuersubventionen, die bisweilen auch völlig gegensätzliche Ziele gleichermaßen und zu gleicher Zeit begünstigen können, ist in diesem Zusammenhang zu erwähnen. Neuere Ziele, wie der Umweltschutz, werden von nicht nur funktional unterschiedlichen, sondern auch substantiell gegensätzlichen bürokratischen Apparaten additiv und nicht alternativ verfolgt, mit dem Ergebnis einer tendenziellen Neutralisierung von Umweltschutzeffekten durch Wachstums-

---

[57] Jonas spricht von einer neuen Dimension der Verantwortung, da die Natur menschlichen Handelns sich durch ihre Wirkungen de facto geändert hat, und „daß ein Gegenstand von gänzlich neuer Ordnung, nicht weniger als die gesamte Biosphäre des Planeten, dem hinzugefügt worden ist, wofür wir verantwortlich sein müssen, weil wir die Macht darüber haben." Jonas, 1979, S. 27.

[58] Vgl. Cogoy, 1991, S. 260.

[59] Vgl. Jänicke, 1988, S. 19.

effekte.[60] Für diese widersprüchliche Koexistenz stellt es kaum ein Problem dar, daß neue Ziele selten die alten ersetzen, sondern lediglich zur alten Zielstruktur hinzutreten. So ist beispielsweise die Förderung der Kernforschung immer noch wesentlich höher als die zusätzlich betriebene Forschungsförderung auf den Gebieten der Energieeinsparung. Subventioniert wird sowohl das quantitative Wachstum der Landwirtschaft aber neuerdings auch der ökologische Landbau. Es existiert zwar eine Eisenbahn, staatliche Verkehrspolitik aber dient vorzugsweise dem konkurrierenden Straßenverkehr, und die Widersprüchlichkeit solcher Maßnahmen ist allenfalls ein Problem der Außendarstellung durch die an Wählerstimmen interessierten Politiker, weniger für die Pluralität von Staatsapparaten.

Zu konstatieren sind also Grenzen regulativer Politik und damit auch Grenzen der aktuellen Umweltpolitik. In der Tat erscheint es wenig sinnvoll, Anforderungen an staatliche Instanzen zu stellen, die diese aufgrund der angesprochenen Umstände gar nicht erfüllen können und die infolge dieser Überforderung selbst das, was sie eigentlich zu leisten durchaus befähigt und imstande sind, auch nicht mehr optimal tun.[61] Unabhängig von der Berechtigung und expliziten Notwendigkeit staatlicher Steuerung ist zu überlegen, wie Art und Ausmaß zweckmäßig und erfolgreich zu organisieren sind. Das politische System kann wohl umweltpolitische Ziele definieren und diese idealerweise durch geeignete Willensbildungsprozesse auf einen breiten Konsens gründen, bleibt aber auf die Innovationskompetenzen und Lösungspotentiale der Marktakteure angewiesen. Wie zu sehen war, ist vor diesem Hintergrund der Einsatz auch marktkonformer Umweltpolitiken mit den entsprechenden ökonomischen Wirkungen einigermaßen riskant. Auf der anderen Seite ist es wohl kaum angemessen, das Scheitern des Ideals der Umweltökonomie, respektive der marktendogenen Zielbildung, und das vorauszusehende praktische Mißlingen bei der Umsetzung idealer Allokationslösungen für die Nutzung knapper Umweltressourcen stets den Eigengesetzlichkeiten des politischen Willensbildungsprozesses anzulasten. Der Bereich der Kollektiventscheidungen in individualistisch geprägten Gesellschaften zeichnet sich in der Tat durch ein hohes Konfliktpotential aus und wird an anderer Stelle unbedingt noch näher zu betrachten sein. Aber ein zumindest ebenso wichtiger Grund für den unbefriedigenden Zustand der umweltpolitischen Praxis liegt in den bereits angesprochenen fundamentalen Unzulänglichkeiten der ihr zugrundeliegenden neoklassischen Umweltökonomie.

---

[60] Vgl. Jänicke, 1990, S. 4ff.
[61] Vgl. Huber, 1991, S. 66.

Flankiert von Auseinandersetzungen um eine geeignete Steuerungsparadigmatik im Sinne von Coase oder Pigou wurde lange Zeit die eigenständige Rolle des Politischen eher unbestimmt belassen und damit die Suche nach politiknahen Lösungsmöglichkeiten vernachlässigt.[62] Obwohl sich das mittlerweile ändert[63], gelten umweltökonomische Idealvorstellungen wohlfahrtstheoretischen Ursprungs nach wie vor als unverzichtbare Referenzkonzepte. Die beständigen Abstriche und Konzessionen an diese Idealvorstellungen, die sich beispielsweise in der Terminologie von first-, second- und weiteren -best Lösungen niederschlagen, deuten denn auch auf ein Theorieproblem der Umweltökonomie selbst hin. Priorität hat ausschließlich das Effizienzkriterium. Die zugrundeliegende Individualismusmaxime und das Paretoprinzip, im übrigen beides Werturteile, werden nicht in Frage gestellt und distributionspolitische Konsequenzen, rechtliche Aspekte oder moralisch-ethische Überlegungen als Nicht-Effizienz-Kriterien werden kaum angemessen behandelt.[64] Es sind aber gerade auch die differierenden Verteilungswirkungen der einzelnen Instrumente, die, verbunden mit Gerechtigkeitsvorstellungen, im umweltpolitischen Entscheidungsprozeß im Mittelpunkt des Interesses wie der Argumentation stehen.[65] Hinzu kommt eine neoklassische Verständnislosigkeit gegenüber der Möglichkeit und Gefahr von Irreversibilitäten und des Faktors „Zeit“, also der Dynamik von Umweltproblemen, sowie gegenüber dem Auftreten neuer Technologien. Die Gründe für derartige Unzulänglichkeiten finden sich auch in der Entstehungsgeschichte der Neoklassik.[66]

Die Konzentration auf das Effizienzkriterium, über dessen Priorität zudem keineswegs ein gesellschaftlicher Konsens besteht, und die geringe Beachtung aller anderen Kriterien, respektive des sozialen Charakters ökonomischer Phänomene, kennzeichnen die Neoklassik zwar als in sich geschlossen, jedoch realitätsfern und dogmatisch. In der Folge erscheint die neoklassisch geprägte Umweltökonomie, welche den Markt außerdem ohnehin politikfrei zu denken gewohnt ist, als wenig hilfreich bei der Generierung von sinnvollen, umsetzbaren Vorschlägen zur Lösung der Umweltproblematik.

Neben den aufgezeigten Zwängen und Problemen, mit denen sich die aktuelle Umweltpolitik auseinanderzusetzen hat, sind erhebliche Umsetzungs- und Vollzugsdefizite zu konstatieren, die sich sowohl durch Unterlassungen als auch

---

[62] Vgl. Wegner, 1994, S. 9ff.
[63] Vgl. z.B. Gawel, 1992.
[64] Vgl. Söllner, 1993, S. 432ff.
[65] Vgl. Seel, 1994, S. 14.
[66] Vgl. z.B. Mirowski, 1989.

durch ineffizienten Instrumenteneinsatz auszeichnen. Bevor nun Wandlungs- und Lösungsansätze für eine erfolgreichere und damit auch zukunftsfähige Umweltpolitik thematisiert werden, ist es notwendig, das umweltpolitische Entscheidungssystem, seine Prozesse und Akteure unter den Bedingungen einer repräsentativen Demokratie ausführlicher zu betrachten. Für die Entwicklung politischer Strategien ist die bloße Definition von Zielen nicht hinreichend. Entscheidend für angestrebte Veränderungen ist die Analyse und das Verständnis der Dynamik des bestehenden Systems, innerhalb dessen sich reale Handlungsmöglichkeiten und Entscheidungsspielräume offenbaren und berücksichtigt werden müssen.

Für dieses Anliegen wird im folgenden der Ansatz der Neuen Politischen Ökonomie (NPÖ) zu Rate gezogen. Dieser begreift sich als ein interdisziplinäres Forschungsprogramm, welches den Gedanken der Einheit der Gesellschaftswissenschaften, also etwa die Rolle der politischen Organisationen im Zusammenwirken mit den jeweiligen Interessengruppen und Koordinationsmechanismen der Wirtschaft, bekräftigt, und auch in seinem Namen aufgenommen hat. Ausgangspunkt ist das unterstellte Menschenbild.

4 UMWELTPOLITIK UND ÖKONOMISCHE THEORIE - NEUE POLITISCHE ÖKONOMIE (NPÖ) ALS GRUNDLAGE EINER ANALYSE DES UMWELT-POLITISCHEN ENTSCHEIDUNGSSYSTEMS

4.1 Die grundlegende Verhaltensannahme des methodologischen Individualismus

Der methodologische Individualismus postuliert wie in der traditionellen Wirtschaftstheorie neoklassischer Ausprägung das Individuum als letztlich bestimmenden, eigenverantwortlichen Entscheidungsträger und Ausgangspunkt der Analyse.[67] Buchanan formulierte außerdem einschränkend: „A situation is judged 'good' to the extent that it allows individuals to get what they want to get, whatever this might be, limited only by the principle of mutual agreement."[68] Es geht also für den einzelnen keineswegs um ein willkürliches, unverantwortliches Nachgehen seiner Neigungen, sondern auch und gerade um Verantwortung gegenüber der Gesellschaft für den Teil seines Verhaltens, der andere berührt. Grundsätzlich wird individuelles Handeln nach dem Rationalitätsprinzip unterstellt und in der Regel werden individuelle Nutzenfunktionen angenommen, die unter gegebenen finanziellen und institutionellen Bedingungen maximiert werden. Individuelles Verhalten findet dabei nicht nur in Abhängigkeit vom Gesellschaftssystem oder institutionellen Rahmenbedingungen statt, sondern es besteht durchaus ein wechselseitiges Beeinflussungsverhältnis zwischen beiden. Auf die Analyse von Kollektiven als handelnde Einheiten, beispielsweise Behörden, wird dabei nicht verzichtet, bedeutet aber aus dieser Sicht, daß deren Verhalten als Ergebnis der Aggregation individueller Präferenzen gewertet wird und in einem entsprechenden vorgegebenen institutionellen Rahmen erfolgt. Buchanan bemerkte dazu folgerichtig: „Only individuals choose and act. Collectivities, as such, neither choose nor act and analysis that proceed as if they do is not within the accepted scientific canon. Social aggregates are considered only as the result of choices made and actions taken by individuals."[69]

---

[67] „We cannot find a principle to explain the preferences and choices of society other than derive them from people's preferences and choices." Riker/Ordeshook, 1973, S. 34.

[68] Buchanan, 1975/84, S. 2.

[69] Buchanan, 1987, S. 586.

Im Rahmen der NPÖ wird nun versucht, das Konzept des methodologischen Individualismus und den entsprechenden Rationalitätsbegriff auf die politisch-administrative Sphäre zu übertragen und Ergebnisse von politisch oder bürokratisch geprägten Systemen in der Konsequenz aus der Aggregation der Handlungen eigennutzmaximierender, und nicht unbedingt gemeinwohlorientierter Politiker, Bürokraten aber auch Interessenvertreter oder Mitarbeiter von Umweltverwaltungen zu begeifen.[70] Damit zeigt sich zum einen eine enge Verwandtschaft zum „Public-Choice"-Ansatz und zum anderen wird hier maßgeblich von der traditionellen Wirtschaftstheorie mit ihrer, immer noch implizit oder explizit, unterstellten Annahme, der Staat maximiere als eine Art 'wohlwollender Diktator' mit vollständigen Informationen die gesellschaftliche Wohlfahrt, unterschieden. Diese Annahme wird ersetzt durch die des 'egoistischen Demokraten'. Von einem vollkommenen politischen Markt, der die Präferenzen der Individuen oder Wähler vollständig und unmittelbar umsetzt und der vom neoklassischen Modell implizit unterstellt wird, kann eben nicht ausgegangen werden. Die NPÖ untersucht demgegenüber, auf welche Weise staatliche Entscheidungen durch das Zusammenwirken verschiedenster Akteure zustandekommen und nimmt damit an, es bestünden Interdependenzen zwischen dem politisch-administrativen und dem ökonomischen System, so daß ersteres explizit als endogener Bestandteil des gesamten polit-ökonomischen Systems verstanden werden muß und nicht mehr außerhalb desselben existiert.

Neben die Erklärung des beobachtbaren politischen Verhaltens tritt zudem dessen Bewertung aus ebenfalls individualistischer Perspektive, so daß Individualismus hier also auch als normatives Prinzip dient.[71] Die NPÖ propagiert, in Analogie zur Konsumentensouveränität der Ökonomie, die Wählersouveränität als Norm. Sie berührt dabei das Grundproblem der ökonomischen Theorie der Politik, auf der sie basiert, nämlich die Möglichkeiten und Restriktionen der Zusammenfassung individueller Entscheidungen, der sogenannten Präferenzenaggregation, zu einer gesellschaftlichen Wohlfahrtsfunktion. Eine Option der gesellschaftlichen Entscheidungsfindung besteht beispielsweise mit dem Instrument der Abstimmung. Diesbezüglich hat Arrow in seinem Werk „Social Choice and Individual Values" (1951) gezeigt, daß unter bestimmten Bedingungen keine Aggregation individueller Präferenzen zu einer gesellschaftlichen Wohlfahrtsfunktion möglich ist, welche sowohl Anforderungen an demokratische Verfahren genügt als auch zu widerspruchsfreien kollektiven Entscheidungen führt. Seine Arbeit bildet den Ausgangspunkt der Theorie der Präferenzenaggregation und

---

[70] Vgl. Horbach, 1992, S. 39.

[71] Vgl. Kirsch, 1993, S. 18.

hatte großen Einfluß auf die nachfolgende Forschung, die sich mit eben diesen Bedingungen kritisch auseinandersetzte. Arrows 'Unmöglichkeitstheorem' bietet gleichwohl Anlaß für ein Nachdenken über Grenzen demokratischer Entscheidungen.

Eng verbunden mit dem Begriff des methodologischen Individualismus ist das erwähnte unterstellte Rationalitätsprinzip, wonach der einzelne diejenige Verhaltensalternative wählt, von der er in der jeweiligen Situation und unter Berücksichtigung gegebener Restriktionen die Maximierung seines eigenen Nutzens erwarten kann. Da aber dessen Bewertung unter Unsicherheit erfolgt, weil mögliche Handlungsalternativen sowie deren Konsequenzen zum Teil unbekannt sind, heißt Rationalverhalten eben nicht, daß der einzelne in jeder Situation immer die objektiv beste Entscheidung trifft, sondern lediglich, daß er auf der Basis des augenblicklichen, begrenzten Informationsstandes nach Kosten-Nutzen-Kalkülen die für ihn vorteilhafteste Alternative wählt.[72] Dasselbe Prinzip wird auf umweltpolitische Entscheidungssituationen übertragen und kann dort dazu führen, daß beispielsweise eine etwaige umweltpolitische Maßnahme, die nach umweltökonomischen Gesichtspunkten die bestmögliche Handlungsoption darstellt, von den dem Rationalverhalten verpflichteten Politikern nicht durchgesetzt wird, wenn mit Widerstand gegen diese Maßnahme zu rechnen ist, welcher sich in potentiellen Wahlverlusten niederschlagen könnte. Auch dieser Widerstand der Betroffenen ist Ausdruck eines Rationalverhaltens, und es gilt, diese aufeinandertreffenden, widersprüchlichen Rationalitäten auf eine mögliche Kompatibilität und auf ihre Konsequenzen auf das anzustrebende Maß an Umweltqualität zu untersuchen. Erschwerend kommt hinzu, daß Entscheidungen in aller Regel unter Unsicherheit getroffen werden müssen und zu ihrer Verringerung eine, allerdings unter Umständen sehr kostenintensive, Informationsbeschaffung notwendig wäre. Wenn also bei der Auswahl der besten Handlungsoption beträchtliche Informations- und Entscheidungskosten zu kalkulieren sind, wird das rationale Individuum diese möglichst senken, etwa durch Abbruch der Informationssuche oder gewohnheitsmäßiges Entscheiden, um dergestalt die Maximierung des Nettonutzens zu gewährleisten.[73] Rationalität bei Entscheidungen ist damit als Folge des rationalen Verhaltens selbst begrenzt und das Konzept der Nutzenmaximierung ist so gesehen durchaus mit dem der 'bounded rationality'[74] vereinbar.

[72] Vgl. Kirchgässner, 1990, S. 4.
[73] Vgl. Meyer, 1996, S. 58f.
[74] Vgl. Simon, 1966.

Die skizzierten Mechanismen sind freilich vereinfacht dargestellt und bilden die Realität eher modelltypisch ab. So finden sich beispielsweise auch altruistische Motive in Handlungen und Entscheidungen von Individuen, wobei sich Altruismus und Handeln nach dem Rationalitätsprinzip keineswegs ausschließen müssen, da ersteres dem Handelnden sehr wohl auch Nutzen stiften und damit Bestandteil der individuellen Nutzenfunktion sein kann.

Ungleich kritischer wird bisweilen das Paradigma des methodologischen Individualismus selbst betrachtet. So bestehen hinsichtlich der Dominanz individueller Präferenzen als letztendliche Instanz unterschiedliche Auffassungen, inwieweit diese normativ oder empirisch gelten soll.[75] Das autonome und selbstverantwortliche Individuum mag als Leitbild das erkenntnisleitende Interesse prägen, kann aber doch nur unter Vorbehalt auf die Realität transferiert werden. Die Forderung, daß jedes Individuum, zumal selbstverantwortlich, alle Konsequenzen nur seiner Handlungen zu tragen hat, geht meist mit der impliziten Annahme einher, daß die legitimierende Grundlage jeder Entscheidung die Bedürfnisse der beteiligten Individuen seien, und diese Bedürfnisse in freier Selbstbestimmung zu den ihren gemacht worden sind.[76] Hier ist zu fragen, wie autonom die Bildung von Präferenzen eigentlich erfolgt, und wie legitim dabei die unterschiedlichsten Arten von Präferenzenbeeinflussung sind. Dieser Problembereich sollte bei einer etwaigen Gleichsetzung von dem Leitbild des methodologischen Individualismus mit dem Abbild der Realität stets präsent sein.

Andere Autoren bemängeln, daß die gegenseitige Bedingtheit von individuellen Bedürfnisstrukturen und gesellschaftlichem Beziehungszusammenhang bestenfalls unzureichend berücksichtigt wird und stellen in der Folge das Konzept des methodologischen Individualismus zumindest als alleinige Instanz in Frage.[77] Immerhin könnte daneben beispielsweise noch eine Analyse treten, die Kollektive als nach außen und nach innen hin als eigenständige Entscheidungsträger oder

---

[75] Vgl. Hampicke, 1992, S. 30.

[76] Vgl. Kirsch, 1974, S. 126f.

[77] „The notion that systemic vital costs of collective behaviour (greenhouse effect, ozone depletion) are best dealt with by pretending that every individual could and should, on the basis of assumed perfect knowledge, decide his or her own willingness to pay to avoid the loss of such services, is not an idea that comes easily to the unprejudiced mind. It requires years of indoctrination in "methodological individualism". Und weiter: „Distribution and scale involve relationships with the poor, the future, and other species that are fundamentally social in nature rather than individual. Homo economicus as the self-contained atom of methodological individualism, or as the pure social being of collectivist theory, are both severe abstractions. Our concrete experience is that of "persons in community". Daly, 1992, S. 190.

auch Handlungseinheiten betrachtet und gerade nicht lediglich als sozialen Ort, an dem Individuen nach bestimmten Verfahren für alle verbindliche Entschlüsse fassen.[78] Dahinter steht die Auffassung, daß entgegen der Bedeutung des Begriffes einer individualistischen Gesellschaft dennoch nicht der Anspruch erhoben werden kann, alle beobachtbaren Erscheinungen auf der Makro-Ebene aus den individuellen Handlungen zu erklären.[79] Auf der anderen Seite muß zugegeben werden, „daß nur der einzelne Mensch vornehmlich in der Diskussion mit anderen Einzelmenschen alle irgendwo und irgendwann vorherrschenden gesellschaftlichen Verhältnisse seines weiteren und näheren sozialen Milieus (einschließlich der ihnen inhärenten Motivationen) kritisch aufzudecken und gegebenenfalls auch eigenverantwortlich zu verändern suchen kann - letzteres indem er sich zu diesem Zweck als verantwortungsbewußtes Individuum mit anderen verantwortungsbewußten Individuen auf eine Koalition einläßt, die in aller Regel in der Zeit, in der Sache und im Personenkreis begrenzt sein wird."[80]
Es geht letztendlich um die Frage, welches Leitbild das erkenntnisleitende Interesse prägen soll, und im Falle der NPÖ erscheint das des autonomen und selbstverantwortlichen Individuums durchaus zweckmäßig. Ein Hervorheben der Interdependenz zwischen individuellen Präferenzen und der Gesellschaft oder auch die Möglichkeit nicht-rationalen Verhaltens müssen dabei nicht ausgeschlossen sein und können hinsichtlich des Vorwurfs der methodischen Enge sowie der Realitätsferne nur hilfreich sein. Neben der Frage des Leitbildes ist grundsätzlich zu beachten, daß bei jedem politisch-ökonomischen Problem neu überdacht werden muß, ob die ökonomische Methode für eine sinnvolle Analyse geeignet ist. Die NPÖ bejaht das für ihr Interessengebiet und die Ökonomie, welche dabei als eine Analysemethode begriffen wird, die weit über den begrenzten Bereich der Wirtschaft hinaus angewandt werden kann, konnte hier ganz wesentliche Impulse liefern. Einen ersten Ausdruck fand dies in den Arbeiten zur ökonomischen Theorie der Demokratie.

Für eine Analyse des umweltpolitischen Entscheidungssystems ist nun zunächst einmal die Kenntnis der beteiligten Akteure und Institutionen einschließlich ihrer Interaktionsbeziehungen von Interesse. Im folgenden soll hier deren Vorstellung durch eine kurze, modellhafte Skizze erfolgen, bevor die Verhaltensweisen der Akteure sowie erkenntnisleitende Teilbereiche des umweltpolitischen Entscheidungssystems näher moduliert werden.

---

[78] Vgl. Etzioni, 1968, S. 98.

[79] Diese Position entspricht beispielsweise der holistischen Perspektive, während etwa die Systemtheorie die Interaktion zwischen zwei Entscheidungsträgern als Basiseinheit ihrer Analyse benutzt.

[80] Aldrup, 1971, S. 173.

4.2 Das umweltpolitische Entscheidungssystem

In einer Demokratie entstehen Entscheidungen nicht durch die Aggregation individueller Präferenzen mittels eines perfekten Wahlmechanismus, sondern durch ein komplexes Zusammenwirken der unterschiedlichsten Akteure. Deren Entscheidungen bezüglich präferierter Umweltqualität und entsprechendem Instrumenteneinsatz werden durch Koordinierungs- und Konfliktlösungsmechanismen in die gesellschaftliche Zielfindung des anzustrebenden Umweltzustandes und in die Auswahl der Instrumente eingebunden und umgesetzt. Entlang dieses umweltpolitischen Entscheidungsprozesses ergeben sich grundsätzliche Möglichkeiten der direkten und indirekten Einflußnahme der beteiligten Akteure im Hinblick auf die Durchsetzung ihrer eigenen Interessen, wobei diese Möglichkeiten ungleich verteilt sind. Diese Problematik steht im Mittelpunkt der Untersuchungen der NPÖ.

Der Zustand des Gutes Umwelt wird, vereinfacht formuliert, beeinflußt durch alle Arten von Produktion und Konsum im herkömmlichen ökonomischen System. Der Marktmechanismus reicht hier nicht aus, um eine volkswirtschaftlich effiziente Lösung des Umweltproblems zu gewährleisten, was wiederum die Notwendigkeit einer umweltpolitischen Instanz, des Staates, belegt, welcher etwa durch entsprechenden Instrumenteneinsatz korrigierend eingreifen kann. Diese umweltpolitische Instanz steht aus Sicht der NPÖ dabei keineswegs außerhalb des Systems und besitzt auch keine vollkommenen Informationen, es wird vielmehr unterstellt, es bestehe das bereits angesprochene wechselseitige Beeinflussungsverhältnis mit und zwischen den anderen Systemteilnehmern. Der Staat ist folglich das Produkt der Gesellschaft und ihrer Gruppen und nicht eine Macht neben oder gar über ihr.[81] Hinzu kommt, daß auch dieser Staat selbst als ein System unterschiedlicher Entscheidungsebenen verstanden werden muß, so daß im Rahmen einer demokratisch organisierten Gesellschaft grob zwischen einem politischen und einem bürokratischen System unterschieden werden kann.[82] Letzteres zeichnet im Rahmen eines vorgegebenen Budgets für die konkrete Ausgestaltung und den Vollzug der zuvor entschiedenen Gesetze verantwortlich, wobei die Grenzen der Kompetenzen über Gesetzentscheid und Konkretisierung tatsächlich eher fließend sind.

Grundsätzlich setzt jede umweltpolitische Entscheidung die entsprechende Wahrnehmung und Artikulation eines Umweltproblems voraus. Idealtypisch wird

---

[81] Vgl. Hartwich, 1987, S. 10.
[82] Vgl. Horbach, 1992, S. 41f.

das von den Individuen, respektive den Wählern, erachtete Problem von der Politik angenommen sowie mit einem Lösungsvorschlag versehen, und der Parteienwettbewerb kann hier als Mechanismus der Thematisierung dienen. Allerdings ist nicht davon auszugehen, daß der Problemlösungsprozeß nach Einbringung auf die politische Tagesordnung automatisch verläuft, vielmehr ist anzunehmen, daß dafür ein entsprechender Entscheidungs- und Handlungsdruck und die Berührung positiver oder negativer Interessen wenigstens einiger beteiligter Akteure zwingend vorhanden sein müssen. Zudem besteht in dieser Phase die Notwendigkeit der Beschaffung und Verarbeitung von Informationen, da beispielsweise unterschiedliche Handlungsalternativen zu bewerten sind und sich Umweltprobleme generell als sehr komplexe Entscheidungssituationen präsentieren. Hinreichende Informationen sind aufgrund dieser Komplexität und fehlender eigener Kapazitäten nur schwer verfügbar und werden oft auch von Dritten bezogen, etwa von Wirtschaft, Wissenschaft oder Umweltverbänden, denen wiederum damit die Möglichkeit zum strategischen Informationsverhalten gegeben wird.[83] Die tatsächliche Entscheidung für eine umweltpolitische Maßnahme zeichnet sich im Vorfeld durch diverse Kommunikationsprozesse aus, bei denen es um potentiellen Interessenausgleich über entsprechende Anreize, einseitige Interessendurchsetzung durch Druckmittel sowie um deren Kombination, das sogenannte Bargaining, geht, welche immer auch durch das jeweilige Verhandlungspotential der Akteure bestimmt werden. Bei diesem Verhandlungspotential ist die ungleiche Verteilung von Einfluß maßgeblich und die entsprechenden Unterschiede sind damit gleichzeitig Ausdruck einer pluralistischen Gesellschaft, in der gerade in der Umweltdebatte nicht immer deutlich ist, wer über welchen Einfluß verfügt. Am Ende steht die Implementation, mit der in der Regel das bürokratische System beauftragt ist. Naturgemäß eher vage formulierte Zielvorgaben und unbestimmte Rechtsbegriffe bedürfen nun der Konkretisierung und Operationalisierung, und dieser Prozeß ist erheblich von Institutionen und individuellen Verhaltensweisen geprägt und wird nicht zuletzt auch unter Beteiligung von Interessengruppen durchgeführt.

Das skizzierte umweltpolitische Entscheidungssystem umfaßt also die verschiedensten Akteure, die entsprechenden Interdependenzen und Interaktionsbeziehungen. Diese zu identifizieren und sich mit der Funktions- und Verhaltensweise demokratischer Regierungen, Bürokratien, Verbänden und Wählern auseinanderzusetzen, ist Aufgabe der NPÖ. Ausgangspunkt zur Modellierung der Verhaltensweisen von Wählern und Politikern ist dabei zunächst die ökonomische Theorie der Demokratie, welche auf den wegbereiten-

[83] Vgl. Meyer, 1996, S. 60f.

den Arbeiten von Downs[84] basiert. Von diesem Gebiet kam der ursprüngliche Anstoß zu einer weitergehenden Analyse von Entscheidungs- und Koordinationsmechanismen und einem tieferen Verständnis ihres Zusammenwirkens als Institutionen.

4.3 Ökonomische Theorie der Demokratie

Es ist bereits in den vorstehenden Ausführungen darauf hingewiesen worden, daß die traditionelle Wirtschaftstheorie mit ihrer Annahme, gewählte Regierungen stünden ähnlich allwissenden Planern mit der Aufgabe der gesellschaftlichen Wohlfahrtsmaximierung außerhalb des ökonomischen Systems, damit für den politischen Bereich das Grundprinzip marktwirtschaftlichen Handelns, die Verfolgung des eigenen Nutzens, negiert. Der Frage, warum sich Politiker derart verhalten sollten, widmete sich Downs als einer der ersten und erkannte, daß die sehr wohl nach Eigennutz strebenden Politiker in einer repräsentativen, also einer indirekten Demokratie bestimmten Anreizsituationen sowie institutionellen Bedingungen unterliegen, die wiederum politische Entscheidungen wesentlich determinieren. Im Rahmen des erkenntnisleitenden Interesses sollen im folgenden seine Grunderkenntnis und Weiterentwicklungen vorgestellt werden.

Downs knüpfte mit seinem Demokratieverständnis an die theoretischen Vorarbeiten von Schumpeter an, der von der demokratischen Methode als derjenigen Ordnung der Institutionen zur Erreichung politischer Entscheidungen sprach, bei welcher einzelne die Entscheidungsbefugnis mittels eines Konkurrenzkampfes um die Stimmen des Volkes erwerben.[85] Hier ist zunächst einmal anzumerken, daß in einer repräsentativen Demokratie Abschied von der Vorstellung genommen wird, der individuelle Wähler sei direkt in den Entscheidungsprozeß eingebunden. Aufgrund der Größe heutiger Gemeinwesen und damit verbundener unpraktikabel hoher Transaktionskosten werden Entscheidungen tatsächlich nur von einem Teil der Bevölkerung getroffen, in dieser Staatsform von gewählten Vertretern, den Abgeordneten oder Politikern.[86] Diese stehen damit zwischen den Bedürfnissen der Kollektivmitglieder und den zu ihrer Befriedigung notwendigen Entscheidungen, und es ist zu fragen, inwieweit schließlich diese Entscheidungen die Bedürfnisse der Kollektivmitglieder widerspiegeln ohne dabei an den Wünschen der Politiker ausgerichtet worden

[84] Vgl. Downs, 1957/68.
[85] Vgl. Schumpeter, 1950, S. 427f.
[86] Vgl. Andel, 1990, S. 46.

zu sein. Schumpeter wies die Existenz eines klar zu definierenden Gemeinwohls und die Bestrebung von Politikern, dieses zu verwirklichen, als unrealistisch zurück. Vielmehr ist es „das erste und höchste Ziel jeder politischen Partei, über die anderen den Sieg davonzutragen, um zur Macht zu gelangen oder an der Macht zu bleiben.“[87] Das kann ihr nur gelingen, wenn sie die Stimmenmehrheit erringt und folglich ihr Programm oder ihre Tätigkeit so gestaltet, daß sie möglichst viele Stimmen auf sich vereint, also Stimmenmaximierung betreibt. Verkürzt formuliert dient der demokratische Willensbildungsprozeß nicht dazu den Volkswillen, sondern eine Mehrheit zu finden und in der Folge das Ergebnis kollektiver Entscheidungsfindung als Volkswillen anerkennen zu lassen.

Downs stellte im Anschluß an Schumpeter in seiner “Ökonomischen Theorie der Demokratie“ (1957; deutsche Übersetzung 1968) die vielbeachtete Analogie zwischen dem Wettbewerb der Unternehmungen um die Konsumenten am Markt und dem Wettbewerb der Politiker um die Wähler in der politischen Arena her.[88] Institutionen im politischen Entscheidungsprozeß, wie die Regierung, Parteien und der Bürokratieapparat, setzen sich nach seinem Verständnis aus eigennutzmaximierenden Individuen zusammen und auch der Wähler, der stets für den größtmöglichen eigenen Vorteil stimmt, wird als solches behandelt. Politiker agieren also nicht als Vertreter der Interessen der Wähler, sondern versuchen, ihre eigenen Präferenzen wie beispielsweise Macht oder Einkommen zu erfüllen. Das ist nur dann möglich, wenn sie solche Programme anbieten, welche die Stimmen und damit den Nutzen der Wähler maximieren. Der institutionellen Verknüpfung von persönlichen Zielen und gesellschaftlicher Wohlfahrt liegt die Annahme zugrunde, daß trotz der Verfolgung und Auslebung individueller Präferenzen ein wünschenswerter gesamtwirtschaftlicher Effekt erzielt werden kann. Ähnlich wie beim Unternehmer im Modell der Marktwirtschaft ist die soziale Funktion, nämlich Bedürfnisbefriedigung, gleichsam nur Nebenprodukt

---

[87] Schumpeter, 1950, S. 443.

[88] „Unsere Hauptthese lautet, daß die Parteien in der demokratischen Politik den Unternehmern in einer auf Gewinn abgestellten Wirtschaft ähnlich sind. Um ihre privaten Ziele zu erreichen, treten sie mit jenen politischen Programmen hervor, von denen sie sich den größten Gewinn an Stimmen versprechen, so wie die Unternehmer aus dem entsprechenden Beweggrund diejenigen Waren produzieren, von denen sie sich den höchsten Gewinn versprechen.“ Downs, 1957/68, S. 289. Eine Partei wird dabei definiert als „Gruppe von Personen, die die Kontrolle über den Regierungsapparat dadurch in die Hand zu bekommen suchen, daß sie in einer ordnungsgemäß abgehaltenen Wahl ein Amt erhalten.“ Downs, 1957/68, S. 25. Im Rahmen der Komplexitätsreduktion ist es hier wiederum nötig, Gruppen von Akteuren unter der Annahme homogener Interessen wie ein ‘Quasi-Individuum’ zu behandeln und Parteien so als Handlungseinheit ohne innerparteiliche Konflikte zu betrachten. Eine einigermaßen unrealistische Konzeption zwar, welche aber die Analyse erleichtert.

des individuellen Motivs. Durch den Zwang zur Stimmenmaximierung wird diese Funktion folglich lediglich auf dem Umweg über eigennütziges Handeln erfüllt, „im gleichen Sinne, wie die Produktion eine Nebenerscheinung beim Erzielen von Profiten ist."[89]

Immerhin aber besteht die Hoffnung, daß sie überhaupt erfüllt wird, und sei es nur, weil Politiker im Rahmen des Wettbewerbs zwischen ihnen und zwischen den politischen Parteien zwecks Machterhaltung gezwungen sind, ihre egoistischen Motive in den Dienst von Programmen, also der Befriedigung von Bedürfnissen zu stellen, die ihnen sonst vermutlich auch gleichgültig sein könnten. Dieser Umstand ist von Bedeutung, ist es doch im politischen Prozeß kaum möglich, die Konsequenzen der Entscheidungen von Politikern, welche den Interessen der Kollektivmitgliedern nicht entsprechen oder zuwiderlaufen, eben diesen anzulasten und die Kollektivmitglieder gegebenenfalls zu entschädigen.

Folglich erscheint es zunächst nötig, daß die Präferenzenäußerungen der Kollektivmitglieder von den Entscheidungsträgern wahrgenommen werden, und es ist die Frage, ob die Strafe des Verlustes der politischen Existenz die Konkurrenten im politischen Prozeß in ausreichendem Maße dazu zwingt und die Entscheidungen schließlich an ihnen ausgerichtet werden. Die Annahme, daß die Kollektivmitglieder ihre Präferenzen überhaupt erst einmal kundtun, wird von Downs impliziert, denn nach seiner Auffassung hat jeder einzelne Bürger klare und operationale Zielvorstellungen, ist sich ihrer bewußt und in der Lage, sie dem Politiker mit Hilfe des Stimmzettels eindeutig mitzuteilen. Ausschlaggebend für die Wahlbeteiligung ist dabei nach Tullock[90] unter anderem das Parteiendifferential, wonach der Wähler seinen Nutzen aus dem Regierungshandeln mit dem Nutzen vergleicht, den er wahrscheinlich erhalten hätte, wenn die derzeitige Opposition die Regierung stellen würde, und dem jeweils künftig zu erwartenden Nutzen aus den angekündigten Programmen. Bei sehr komplexen Sachverhalten ist das Parteiendifferential allerdings nur schwer zu ermitteln. Zudem muß die grundsätzliche Bereitschaft zur Wahlbeteiligung bezweifelt werden. Es besteht gerade in großen Kollektiven nur eine zu vernachlässigende Wahrscheinlichkeit, daß die eigene Entscheidung das Ergebnis des Wahlprozesses beeinflußt, und die damit verbundenen Kosten und Anstrengungen von zuvor beschafften und zu verarbeitenden Informationen sollten den rationalen Wähler vom Gang zum Wahllokal abhalten. Manche Länder reagieren auf diese Überlegungen mit einer gesetzlich festgelegten Wahlpflicht, aber auch dort, wo es dem einzelnen freisteht, gehen immerhin zahlreiche Mitglieder zur Wahl. Selbst eine geringe

[89] Schumpeter, 1950, S. 428.
[90] Vgl. Tullock, 1983, S. 39.

Wahlbeteiligung muß in den Kategorien der ökonomischen Theorie als irrational erscheinen[91] und wird daher auch als Wahlparadoxon bezeichnet.

Dennoch wird gewählt. Musgrave spricht von einem gewissen nicht-rationalen Verantwortungsbewußtsein, das die Mitglieder einer demokratischen Gesellschaft empfinden.[92] Downs, der das Problem der Wählerabstinenz gesehen hat und für dessen Konzeption es in der Tat wesentlich ist, daß die Wähler bereit sind, die mit der Vergabe des Vertretungsauftrages an die Politiker verbundenen Kosten zu tragen, formulierte eine ähnliche Antwort.[93] Die Deutung der Wahlbeteiligung als Investition in den Erhalt des Systems erscheint plausibel und setzt ausdrücklich das soziale Verantwortungsbewußtsein mit dem Interesse der Kollektivmitglieder an der Existenz und der Funktionstüchtigkeit einer Demokratie in Beziehung. Zudem kann die Wahlteilnahme als Eigenwert an sich dem Individuum bis zu einem bestimmten Grad auch unabhängig vom Wahlausgang und dessen Folgewirkungen Nutzen stiften, da die Möglichkeit zu dieser formal abgesichert sowie, ganz im Gegensatz zu Marktentscheidungen, welche Präferenzeneinbringungen nur im Zusammenhang mit Entscheidungen über eigenes Einkommen zulassen, unentgeltlich ist und damit die für den Wahlgang eingesetzten Ressourcen kompensiert werden können.[94] Der eigene Einfluß auf den politischen Prozeß mag als gering eingeschätzt werden, das Interesse am Ergebnis muß es durchaus nicht sein. Denn besteht auch am Markt für den einzelnen die Möglichkeit sich zurückzuziehen, wenn seinem Einsatz keine Gewinnaussicht mehr gegenübersteht, so „...muß er hier auch dann, wenn er verliert, mit von der Partie sein."[95]

Für eine ökonomische Begründung der Wahlbeteiligung sind derartige Überlegungen dagegen nicht hinreichend. Am Nutzen einer funktionierenden Demokratie können auch jene teilhaben, die nichts zu ihrer Erhaltung und

---

91 Vgl. Barry, 1970, S. 15.

92 Vgl. Musgrave/Musgrave/Kullmer, 1990, S. 116.

93 „Etwas, das allen Bürgern in unserem Modell gemeinsam ist, ist der Wunsch, daß die Demokratie funktionieren möge. Wenn aber das Wählen mit Kosten verbunden ist, kann ein auf kurze Sicht rationales Verhalten zum Zusammenbruch der Demokratie führen, wie unwahrscheinlich eine solche Entwicklung auch sein mag, sie wäre eine solche Katastrophe, daß jeder Bürger bereit ist, als Versicherung gegen sie wenigstens ein Minimum an Kosten auf sich zu nehmen. Je wahrscheinlicher in seinen Augen eine solche Katastrophe ist, desto mehr Kosten ist er bereit auf sich zu nehmen. Da Wählen eine Möglichkeit der Versicherung gegen diese Katastrophe ist, empfängt jeder Bürger einen gewissen Ertrag aus der Wahlbeteiligung an sich, sobald diese etwas kostet." Downs, 1957/68, S. 263.

94 Vgl. Stähler, 1991, S. 83.

95 Mackscheidt/Kirsch, 1985, S. 24f.

Stabilisierung beitragen. Es handelt sich um ein Gut, für welches das Ausschlußprinzip nicht gilt, und es sollte schon an anderer Stelle deutlich geworden sein, daß für diese Art von Gütern nur unter sehr restriktiven Bedingungen davon ausgegangen werden kann, daß einzelne rational handelnde Individuen einen freiwilligen Beitrag zu ihrer Instituierung und Aufrechterhaltung leisten werden. Die Wahlbeteiligung der Mitglieder großer Kollektive damit aber schlicht als irrational oder Folge eines Zwanges zu charakterisieren, kann nicht als befriedigend empfunden werden. Es ist vielmehr wahrscheinlich, daß es sich hier um einen Tatbestand handelt, dessen Zusammenhänge sich dem Bereich der ökonomischen Theorie der Demokratie oder auch einer ökonomischen Theorie überhaupt entziehen. So wird beispielsweise der zusätzliche Nutzen, der aus der Teilnahme an einer Wahl resultieren kann, bisweilen als soziologische Größe beurteilt, die mit dem Modell des rationalen Wählerverhaltens nicht vereinbar ist.[96] Dagegen läßt sich einwenden, daß Wahlbeteiligung, verstanden als Einhaltung einer sozialen Norm, welche sich zur Aufrechterhaltung eines demokratischen Systems als sinnvoll erwiesen hat, rationalem Verhalten zumindest aus langfristiger Sicht keineswegs entgegen steht. Die Frage, warum Kollektivmitglieder zu Wahlen gehen ist also eine sehr komplexe, die durch unterschiedlichste, auch nicht-ökonomische Theorien und Erklärungsbeiträge zu beantworten versucht wird. Es darf vermutet werden, daß gerade von letzteren Einflüsse für die Entscheidung über die Wahlbeteiligung ausgehen, die von mindestens ebenso großer Bedeutung sind wie der bislang diskutierte und dominierende Nettonutzen einer kollektiven Entscheidung.[97]

Von weiterer Bedeutung ist die Bereitschaft der Wähler, sich etwa über Versprechen der Politiker, Programme oder Partei-Ideologien zu informieren und als grundsätzlich schlechter Informierte geht es für den einzelnen darum, Vorgehensweisen zu entwickeln, die es ihm gestatten, verschiedene Angebote durchschaubar zu machen. Der Logik des Eigennutzes folgend, wird so lange in die Beschaffung von Daten investiert, bis der daraus gezogene Grenzertrag ihren Grenzkosten gleich ist[98] und damit sind die Informationen, die zu einer endgültigen Wahlentscheidung beitragen, rational beschränkt. Gerade die Rationalität des auf Eigennutz bedachten Individuums hindert den einzelnen Wähler, sich über die Maßen zu informieren, und das, obwohl der gleiche

---

96 Vgl. Kirchgässner/Schneider, 1979, S. 94.

97 So beschäftigt sich beispielsweise die soziologische Wahlforschung weniger mit der Wahlbeteiligung, sondern eher mit den Determinanten, Hintergrundbedingungen und Korrelaten des Wählerverhaltens. Faktoren wie Religions- oder Schichtzugehörigkeit und der Zusammenhang von Geschlecht und Wählerverhalten sind in diesem Zusammenhang von Interesse. Vgl. Falter, 1983, S. 340ff.

98 Vgl. Downs, 1957/68, S. 210.

rationale Wähler überzeugt sein mag, daß eine repräsentative Demokratie nur gut funktionieren kann, wenn die Bürgerschaft gut informiert ist.[99] Neben der optimalen Menge ist auch die Art der Informationen von Interesse, und es ist anzunehmen, daß der einzelne über die Dinge am besten informiert ist, die unmittelbar mit seiner direkten Lebenssphäre, etwa dem Beruf, zusammenhängen. Andere Einflußfaktoren, wie eine ungleiche Einkommens- und Vermögensverteilung oder auch Herkunft, Bildung und soziale Stellung spielen in diesem Zusammenhang auch eine Rolle. Das bedeutet nicht, daß rationale Uninformiertheit als Folge von komplizierten Sachzusammenhängen wie sie sich exemplarisch bei Umweltproblemen finden, nicht als Mangel empfunden werden kann und sich dahingehend ausdrückt, daß die Realität als undurchschaubar und damit als bedrohend erlebt wird. Für einen Politiker erscheint es dann naheliegend, dieses Gefühl des Mangels zu benutzen und sein Programm konsequenterweise in einer Form zu präsentieren, die die Fähigkeiten des Wählers nicht überfordert. Schlagworte ersetzen dann Analysen, Imagepflege wird wichtiger als Argumente, die Demokratie erschöpft sich in der Form und ist ohne Inhalt. Die Vermeidung allzu klarer Stellungnahmen erlaubt es außerdem, mit solchen Parteien zu koalieren, deren sachliche Absichten von den eigenen differieren. Das ist vorteilhaft, wenn man der Komplexität in Mehrparteiensystemen gerecht werden muß und nicht davon ausgehen kann, nach der Wahl mit einer absoluten Mehrheit ohne Koalitionspartner regierungsfähig zu sein. Die Aussicht auf mögliche Koalitionen beeinflußt zwangsläufig die Konkurrenzbeziehungen der Parteien untereinander und hat zudem Auswirkungen auf ihr Verhältnis zu den Wählern. Downs bemerkt dazu, daß die Parteien sich während des Wahlkampfes hinsichtlich der Kompromisse, die sie beim Eintritt in verschiedene Koalitionen schließen müssen, bemühen werden, eine möglichst vieldeutige Haltung einzunehmen.[100] Eine rationale Wahlentscheidung, gegründet auf dem Informationsinteresse der Wähler über ihre Auswahlmöglichkeiten, wird damit zusätzlich erschwert. Angesichts der Vielzahl potentieller Koalitionen bietet sich aber auch die Möglichkeit einer sogenannten strategischen Wahlentscheidung an. Der einzelne stellt die Berücksichtigung seiner Interessen im Regierungshandeln dabei nicht unbedingt dadurch sicher, daß er die Partei wählt, die ihm am

---

[99] „Es scheint, daß hier die individuelle Rationalität mit der sozialen Rationalität im Widerspruch steht, d.h. die Ziele, die die Menschen als Individuen anstreben, widersprechen jenen, die sie zusammen als Mitglieder der Gesellschaft anstreben." Downs, 1957/68, S. 240. Vgl. auch Olson, 1968, der sich in seinem Werk „ Die Logik des kollektiven Handelns " mit demselben Problem auseinandersetzte, als er der Frage nachging, warum Menschen vor allem in großen Gruppen oft nicht in der Lage sind, ihren gemeinsamen Interessen gemäß zu handeln. Die gleichen Ursachen, die die Bildung von Kollektiven wünschenswert erscheinen lassen, verhindern oder erschweren doch ihre Entstehung.

[100] Vgl. Downs, 1957/68, S. 160.

nächsten steht, sondern kann durch Wahl einer anderen Partei die eigene in eine Koalition hineinzwingen, welche dann eine Politik betreibt, die seinen Interessen mehr entspricht, als zu erwarten gewesen wäre, wenn er unmittelbar seiner Partei seine Stimme gegeben hätte. Derartige strategische Entscheidungen setzen allerdings ein höheres Maß an Informationen voraus.

Das Auftrags- und Abhängigkeitsverhältnis der Politiker von den Wählerpräferenzen wird also durch hohe Informationskosten und mangelnde Kontrollmöglichkeiten relativiert, und es kann umgekehrt zu einem Verhältnis kommen, bei dem Politiker den Wählerwillen durch gezielte Informationspolitik in gewissem Umfang formen und entsprechend erziehen.[101] Sie können versuchen, Wähler von der wohlfahrtssteigernden Wirkung bestimmter Bedürfnisse, welche sie erst wecken wollen oder welche vielleicht auch bereits bestehen und intensiviert werden sollen, zu überzeugen und müssen gleichzeitig weiterhin darauf achten, Impulse von Wählern aufzugreifen und umzusetzen, um ihre politische Überlebensfähigkeit nicht zu gefährden. Kielmannsegg spricht von einer Art Lernverbund[102] und betrachtet diesen als Voraussetzung für wandlungsfähige, sich den entsprechenden Erfordernissen anpassende Gesellschaften. Auf eine mögliche interessengefilterte Weitergabe von Informationen durch ohnehin mit Informationsvorsprüngen versehene Politiker und einer dergestaltigen Option zur Manipulation der Wähler sei dabei hingewiesen.

Neben den für den Funktionsanspruch der ökonomischen Theorie der Demokratie fundamentalen Fragen der Wahlbeteiligung sowie der Informationsbeschaffung ist auch das zugrundeliegende Demokratieverständnis und die daraus resultierende Konzeption der Demokratie an sich nicht unumstritten. Hier ist insbesondere Habermas zu nennen, der einer derartigen, von Schumpeter begründeten Konzeption vorwirft, daß sie nicht länger durch den Inhalt einer Lebensform bestimmt wird, welche die verallgemeinerungsfähigen Interessen der einzelnen zur Geltung bringt, sondern lediglich noch als Methode der Auswahl von Führern und Führungsgarnituren gilt.[103] Die Beteiligung am politischen Willensbildungsprozeß ist ein ritueller Akt, der nur in geringem Ausmaß auf eine Beteiligung an der inhaltlichen Ausrichtung der Politik hinausläuft. Von Demokratie kann nur gesprochen werden, wenn die Bürger politische Entscheidungen billigen, weil sie

---

[101] „Wenn das in signifikantem Ausmaß der Fall ist, wird die Vorstellung hinfällig, daß ein gesellschaftliches Optimum an privaten und kollektiven Gütern über den beschriebenen Prozeß demokratischer Wahlen erreicht werden könnte." Mackscheidt/Steinhausen, 1977, S. 55.

[102] Vgl. Kielmannsegg, 1989, S. 92.

[103] Vgl. Habermas, 1973, S. 169f.

wissen, daß diese von bestimmten Handlungsnormen geleitet sind und wenn sie sich davon überzeugen konnten, daß diese Normen mit dem gemeinsamen Willen aller Bürger in Einklang stehen. Die bürgerliche Demokratie bleibt nach seiner Ansicht einen solchen Nachweis für eine normative Anbindung politischen Handelns schuldig, und die Entscheidungen sind damit undurchsichtig, willkürlich und folglich unzureichend legitimiert. Habermas beklagt die Loslösung aus dem ideengeschichtlichen Traditionszusammenhang und den Verzicht auf Einklagung ehemaliger Ideale wie Partizipation und Gleichberechtigung.[104]

Die ökonomische Theorie der Demokratie begründet eine pragmatischere Konzeption der Demokratie, welche auch die beobachtbaren modernen, bürgerlich-parlamentarischen Demokratien kennzeichnet. Handeln orientiert sich weniger an allgemeinen Werten, sondern am individuellen Vorteil und widerspricht damit der Annahme Habermas', daß sich ein Wert- und Normenkonsens aller Beteiligten finden läßt. Die Voraussetzung dafür wäre eine weitestgehende Übereinstimmung der Interessen und diese ist nicht erfüllbar. So sind denn zumindest moderne Gesellschaften kaum als konsensfähig zu beurteilen. Wenn aber das Prinzip des Konsens für die Organisation einer Gesellschaft nicht hinreichend und praktikabel ist, bleibt immerhin das der Konkurrenz, und es ist schwierig genug, unter den Mitgliedern eine Verständigung über die Regeln einer solchen Konkurrenz zu erzielen. Im Bereich des politischen Handelns muß man sich dann über die Art des Auswahlverfahrens einigen, in dem über die angebotenen Alternativen entschieden werden soll.[105] Werden die vereinbarten Verfahrensregeln eingehalten, gilt eine Entscheidung als legitimiert, wobei ein solches Beteiligungsmodell in der Tat nur begrenzte Mitwirkungsmöglichkeiten für den einzelnen Bürger am politischen Prozeß bereithalten kann. So wird denn auch hier die moderne Massendemokratie ihrem Anspruch lediglich in formaler Hinsicht gerecht, und die angesprochenen Gegensätze können wohl eher im unterschiedlichen Realitätsanspruch beider Demokratiemodelle als in ihren Ergebnissen begründet werden.
Letztendlich entscheidender aber sind die Differenzen bei der Beantwortung der grundsätzlichen Frage, was denn überhaupt die Aufgabe einer politischen Theorie sein soll und kann. Die ökonomische Theorie der Demokratie sieht ihre Aufgabe in der Beschreibung der Abläufe innerhalb des politischen Systems in ihrer Regelhaftigkeit, um dem politisch Handelnden Sicherheit über die Bedingungen, unter denen sich dieses Handeln in demokratischen Systemen vollzieht, zu vermitteln. Politische Entscheidungen sollen transparent gemacht werden und einzelne Entscheidungen des politischen Lebens lassen sich damit erklären,

---

[104] Vgl. Lanig, 1979, S. 229.
[105] Vgl. ebenda, S. 226.

planen und voraussagen.[106] Die parlamentarische Demokratie wird deutlich als Instrument erkannt, mittels dessen unvollkommene und nur begrenzt zur Vervollkommnung fähige Menschen auf einigermaßen annehmbare Weise miteinander umgehen. Für Habermas dagegen hat die politische Theorie nicht die Aufgabe, einen tatsächlichen Zustand zu erklären, sondern die, eben diesen überwinden zu helfen und damit für eine mögliche Veränderbarkeit demokratischer Regierungssysteme zu sensibilisieren. Die Demokratie als politische Organisationsform ist nach diesen Vorstellungen nötig, damit die Menschen besser werden, während sie es für individualistisch-liberale Demokraten ist, weil die Menschen nicht durchweg gut sind.
Die ökonomische Theorie der Demokratie, wie sie zuerst von Downs entwickelt und verstanden wurde, ist durchaus auch in diesem Lichte zu sehen.

Welche Entscheidungsprozesse nun tatsächlich zustande kommen und inwieweit durch die entsprechenden Maßnahmen die Interessen der Wähler berücksichtigt werden, hängt auch von den komplexen Interaktionen im Beziehungsgeflecht zwischen Regierung, Bürokratie und Interessengruppen, deren Einfluß von Downs eher vernachlässigt wurde, ab. Der Wähler kann die Ergebnisse des Vertretungsauftrags allenfalls bedingt kontrollieren, und er kann dabei nicht beurteilen, inwiefern diese Ergebnisse, zumal wenn sie seinen Erwartungen nicht entsprechen, dem Fehlverhalten der Politiker oder unkontrollierbaren anderen Einflüssen, respektive den Aktivitäten bestimmter Akteure, Bürokratie und Interessengruppen, zuzuschreiben sind. Die NPÖ untersucht deren Einflüsse und betrachtet beide als wesentlich beim Zustandekommen von politischen Entscheidungen. Während allerdings beispielsweise im Rahmen der politikwissenschaftlichen Implementationsforschung das Verständnis für administrative Prozesse gewachsen ist, gilt dasselbe für die Umweltökonomie nur bedingt, und die wenigen Ansätze zu einer ökonomischen Theorie der Bürokratie (ÖTB) finden explizit erst zögerlich Eingang in ihre Analyse.

4.4 Ökonomische Theorie der Bürokratie (ÖTB)

Die grundsätzlichen Thesen von Downs, im Rahmen der NPÖ erweitert und verfeinert, fanden nicht nur Eingang bei der Erklärung des politischen Willensbildungs- und Entscheidungsprozesses, sondern auch in der sich anschließenden Phase der Durchsetzung und Durchführung dieser Entscheidungen, Wirkungsstätte des bürokratisch-administrativen Systems. Die Ausformung politischen

[106] Vgl. ebenda, S. 230f.

Gestaltungswillens obliegt im modernen Wohlfahrtsstaat Fachbehörden, die aufgrund ihrer Sachkenntnis bei der Programmplanung und der Exekution politisch gebilligter Maßnahmen von entscheidender Bedeutung sind und von denen gerade durch diese Expertenstellung zunehmend auch in der Politikformulierung prägende Einflußnahmen ausgehen. Zu beachten ist auch hier, daß sich eine Bürokratie dabei einmal durch eine bestimmte Binnenstruktur auszeichnet, und zum anderen auch Außenbeziehungen zu den übrigen beteiligten Akteuren unterhält, welche wiederum ihr Handeln beeinflussen. Von Interesse für die ÖTB ist also sowohl die interne Funktionsweise als auch das extern orientierte Handeln von hierarchisch aufgebauten Organisationen, insbesondere der staatlichen Verwaltung. Der Bereich der bürokratischen Binnenstrukturen, zu welchem Downs eine der umfangreichsten Theorien entwickelte, ist nach ihm durch vier zentrale Merkmale gekennzeichnet. Danach sind Bürokratien groß, die meisten Mitglieder sind vollbeschäftigt, sie sind nicht vom Parlament oder den Wählern sondern von ihren Vorgesetzten abhängig und der größte Teil des bürokratischen Outputs unterliegt keiner marktmäßigen Bewertung.[107] Bei dem Vollzugsprozeß in Bürokratien wird ebenfalls von der grundlegenden Annahme rational handelnder Individuen ausgegangen, die neben den offiziellen Zielen der Verwaltung vor allem die eigene Nutzenmaximierung anstreben. Daraus lassen sich in der Folge bestimmte Verhaltenshypothesen ableiten, etwa darüber, welche Instruktionen befolgt oder faktisch umgangen werden. Auf der Basis des methodologischen Individualismus betont die ÖTB als Teilgebiet der NPÖ die Eigeninteressen der Verwaltungsakteure, etwa Prestige, schlichte Selbsterhaltung oder die Verfolgung materieller Anreize, und nicht notwendigerweise die des Allgemeinwohls.[108] Entsprechend der Ausrichtung dieser Interessen hat Downs zwischen fünf Grundtypen von Bürokraten unterschieden.[109] Die Möglichkeiten zur Nutzenmaximierung unterliegen dabei einigen Nebenbedingungen, etwa welche Handlungsspielräume das angewendete Entscheidungsverfahren, vor allem Hierarchie, bietet, aber auch in- und externe Macht- und Informationsverteilung und die Restriktionen des gesetzlichen und budgetmäßigen Rahmens.

---

[107] Vgl. Downs, 1967, S. 24f.

[108] Im Gegensatz dazu stand lange die von Max Weber maßgeblich geprägte Vorstellung des selbstlos und loyal handelnden Beamten als Teil einer „rationalen Herrschaft" durch Bürokratie. Vgl. Weber, 1972, S. 125ff.

[109] Er nennt den Typ des eigennützigen Aufsteigers, des Bewahrers von gegenwärtigen Positionen, den Typ des politisch motivierten Eiferers, Anwälte, die sachlich die Belange ihres Büros nach außen verteidigen und Staatsmänner, welche sich durch große Loyalität gegenüber den Zielen des Amtes sowie gegenüber dem Allgemeinwohl auszeichnen. Vgl. Downs, 1967, S. 84ff.

Aufgrund hoch komplexer Aufgabenstellungen und dem damit einhergehenden Zwang zur Aufgabenteilung sowie dem Einsatz von entsprechenden Koordinationsverfahren, ist bürokratisches Handeln in eine hierarchische Struktur eingebunden, welche gegenüber anderen möglichen Entscheidungsmechanismen, wie beispielsweise der Abstimmung, hier rational und effizient sein kann.[110] Die durch Hierarchie implizierte Aufgabendelegation verläuft über ein System stark formalisierter Verhaltensanweisungen, das den Interaktionsprozeß der Innen- und Außenwelt von und zwischen Bürokratien regelt und schließlich bestimmte Charakteristika formt und anerzieht. Diese drücken sich etwa in Form von strategischem Informationsverhalten, Rigidität, konfliktvermeidenden und klientel-orientierten Entscheidungen, Expansionsstreben und mangelnder Berücksichtigung von Kosten und Nutzen der eigenen Aktivitäten aus.[111] Spezifisch bürokratische 'Anreizmechanismen' wie feste Gehaltsprofile, leistungsunabhängige regelmäßige Beförderung oder Unkündbarkeit tun ein übriges, um ineffizienten Arbeitsweisen Vorschub zu leisten. Im Rahmen der Aufgabendelegation und der Zuweisung von entsprechenden Kompetenzen ergeben sich außerdem diskretionäre Entscheidungs- und Handlungsspielräume, die nur schwer kontrollierbar sind. Die tatsächlich vorzufindende Bürokratie wird daher als Abweichung von einer potentiellen, optimalen Bürokratie empfunden und beschrieben. Ganz ähnlich der ökonomischen Theorie der Demokratie geht es auch hier um die Koordination individuell-rationaler Entscheidungen und ihrer Aggregation zu kollektiven Entscheidungen, und eine ideale Bürokratie würde sich durch eben jene gelungene Transformation von individueller in kollektive Rationalität auszeichnen. Das gelingt unter real gegebenen Rahmenbedingungen offensichtlich nicht, da etwa Informationen nicht vollständig und kostenlos zur Verfügung stehen und Entscheidungen somit unter nie ganz aufzulösender Unsicherheit getroffen werden müssen.[112]

Die bestehenden Entscheidungs- und Handlungsspielräume bedingen außerdem die unbewußte und bewußte Verzerrung des Informationsflusses, die in der Subjektivität der Aufgabenausführung begründet liegen kann, aber auch im bewußten strategischen Informationsverhalten, etwa wenn nur weitergeleitet oder stärker betont wird, was den eigenen Zielen dient oder was der nächsthöheren Instanz genehm ist. Tullock spricht bei dem von unten nach oben verlaufenden Informationsfluß von einer kumulativen Informationsverzerrung.[113] Charakteristisch dafür ist die Neigung von Mitgliedern einer Organisation, Probleme derart

---

[110] Vgl. Downs, 1967, S. 50ff.
[111] Vgl. Holzinger, 1987, S. 14.
[112] Vgl. Downs, 1967, S. 75f.
[113] Vgl. Tullock, 1965, S. 137ff.

zu definieren und in der Folge zu lösen, wie dies innerhalb des eigenen Kompetenzbereiches möglich, gewohnt und gelernt ist. Wenn beispielsweise bei Umweltbürokraten aufgrund von Einstellungsanforderungen eine juristisch geprägte Ausbildung dominiert, ist es naheliegend, auf umweltpolitische Probleme mit bevorzugt ordnungsrechtlichen Lösungen, die vermeintlich mit geringeren Informationsanforderungen einhergehen und deren Wirkungsweisen bekannt sind, zu reagieren.[114] Auf diese Weise ist es außerdem möglich, Fehlkonzeptionen, die die Position der Behörde sowohl gegenüber Klienten und anderen Behörden als auch bei Budgetverhandlungen schwächen könnten, zu begrenzen. Bürokratische Rigidität ist eine Konsequenz rationalen individuellen Verhaltens und hat ihre Ursache auch in den Interessen der Bürokraten, welche, sofern nicht ein angemessener persönlicher Nutzenzuwachs zu erwarten ist, vielfach auf die Vermeidung von Veränderungen und Unsicherheiten gerichtet sind.[115] Unter diesem Gesichtspunkt werden Umweltbürokraten der Einführung eines in der allgemeinen Verwaltungspraxis noch nicht verwendeten Instrumentes wie Umweltzertifikate ablehnend gegenüberstehen. Dazu kommt, daß die behördlichen Funktionen bei einer Zertifikatslösung nach deren anfänglicher Ausgestaltung und Zuteilung weitgehend beendet sind. Gerade im Vergleich mit den Handlungsmöglichkeiten bei Auflagen ist somit ein Verlust an Steuerungskapazität hinzunehmen, welcher bei einer Zuteilung nach dem Grandfathering-Prinzip nicht einmal mit einem finanziellen Ausgleich abgegolten werden würde. Es ist also anzunehmen, daß ordnungsrechtliche Lösungen, Auflagenregelungen und, in Anbetracht zu erzielender Aufkommen und damit einhergehenden Expansionsmöglichkeiten, Umweltabgaben präferiert werden.

Neben der formalen Organisation, welche Individuen über ihre Funktion definiert, existiert ein informelles Interaktionsnetz, das die Bedürfnisse nach persönlichen Kontakten befriedigt. Ein solches informelles Netz kann im Interesse der Handlungsfähigkeit von Bürokratien liegen und wird dann auch geduldet, da es Lücken formaler Regeln auszufüllen vermag und diese bei Unzulänglichkeit an die Erfordernisse der jeweiligen Situation anpassen kann. Es sichert zudem die für die Koordination der Tätigkeiten notwendige Kommunikation, kann aber ebenso die Effektivität von, ohnehin beschränkten, Kontrollmaßnahmen und die Effizienz der Aufgabenerfüllung beeinträchtigen.[116] Informelle Beziehungen

---

[114] Bürokratische Entscheidungen sind somit „...von vornherein stark auf bestimmte Lösungen hin ausgerichtet und basieren selten auf einer umfassenden Analyse von alternativen Lösungsmöglichkeiten." Lehner, 1981, S. 122.

[115] Vgl. Sandhövel, 1994, S. 227.

[116] „Im wesentlichen handelt es sich hier um Beziehungen und Gruppenbildungen, die im formalen Organisationsschema einer Behörde nicht vorgesehen sind und in denen z.T.

können auch zum Teil als Vertrauensbeziehungen charakterisiert werden, welche die Regung nach sozialem Kontakt decken und die Verfolgung und Erreichung von Zielen erlauben, die bei Befolgung der Regeln der formalen Organisation und ohne Mitgliedschaft in einem informellen Interaktionsnetz nicht erreicht werden könnten. Nur wer vertrauenswürdig ist, erhält Leistungen wie Protektion oder die Weitergabe notwendiger Informationen aus diesem Netz.[117]

Die grundsätzlichen Aussagen zur Binnenstruktur und damit zur Arbeitsweise einer Bürokratie, welche je nach Bürokratietyp variieren können und mehr oder weniger zutreffen werden, lassen doch insgesamt die Annahme zu, daß übergreifende Problemzusammenhänge tendenziell eher vernachlässigt und resultierende Programme schließlich wenig innovativ ausfallen werden, so daß in der Konsequenz oft genug lediglich eine Fortschreibung bestehender Politik zu konstatieren ist. Das heißt nicht, daß Veränderungen prinzipiell nicht möglich sind, wohl aber, wie Downs bemerkt, daß diese erst stattfinden werden, wenn nutzenmaximierende Individuen ihre derzeitige Situation als unbefriedigend beurteilen und wichtiger noch, zu Verhaltensänderungen sowie Innovationen dann bereit sein werden, wenn der potentielle Nutzen die Kosten übersteigt.[118] In diesem Zusammenhang können auch andere Einflußfaktoren maßgeblich sein. So muß sich eine Bürokratie mit möglichen Innovationen eventuell aufgrund von öffentlichem oder politischem Druck auseinandersetzen, gerade auch dann, wenn sie nicht über die nötige Macht zur Resistenz verfügt. Die Größe von Organisationen spielt hier ebenso eine Rolle wie die, auf unterschiedlichste Arten beeinflußbare, Motivation des Personals. Innovationen benötigen in jedem Falle aber Zeit, umso mehr, je grundsätzlicher die erforderlichen Veränderungen sind.

Eine Analyse bürokratischen Verhaltens ist unvollständig, wenn sie nicht auch die Außenbeziehungen einer Behörde in Betracht zieht. Die Einteilung ihrer Umwelt umfaßt das bürokratische Leistungen nachfragende und als Gegenleistung budgetbewilligende politische System, welches wiederum aufgeteilt ist in Parteien, Parlament und Regierung, die Konsumenten der bürokratischen Leistungen, also etwa die Öffentlichkeit und die entsprechende Klientel als, oftmals begünstigte, Zielgruppe von Regulierungen.[119] Die Wertschätzung der beiden letztgenannten ist nur insoweit von Belang, wie diese Einfluß auf die Politiker nehmen können und diese damit auf das Budget.

Orientierungen vermittelt und Praktiken entwickelt werden, die den offiziellen Normen zuwiderlaufen." Mayntz, 1985, S. 113.

[117] Vgl. Offermanns, 1990, S. 88f.

[118] Vgl. Downs, 1967, S. 167f.

[119] Vgl. Holzinger, 1987, S. 44.

Die ökonomische Analyse der Außenbeziehungen einer Bürokratie ist eng mit dem Namen Niskanen[120] verknüpft, der Anfang der siebziger Jahre ein den meisten späteren Ansätzen als Grundlage dienendes Modell entwickelte, dessen Zielsetzung vor allem darin bestand, die Bestimmungsgründe und das Volumen des Behördenoutputs aufzeigen und erklären zu können.
Der größte Teil des bürokratischen Outputs unterliegt keiner marktmäßigen Bewertung.[121] Niskanen formuliert als ähnliche Charakteristika von Büros, daß sich die Beschäftigten einer Organisation nichts von der Differenz zwischen Budget und Kosten als persönliches Einkommen aneignen können, und daß eine Organisation sich nicht aus dem Verkauf des Outputs zum Stückpreis, sondern überwiegend durch regelmäßige finanzielle Zuwendungen einer Geldgeberorganisation (Sponsor) finanziert.[122] Die Handlungen einer Bürokratie werden durch das Handeln ihres Leiters, des Chefbürokraten, determiniert, wobei hier die Auswirkungen innerer Strukturen in der Bürokratie und die Möglichkeit der Konkurrenz durch etwaige weitere Vertreter der Administration außer acht gelassen werden. Die Nutzenfunktion des Chefbürokraten enthält die Komponenten „...salary, perquisites of the office, public reputation, power, patronage, output of the bureau, ease of making change, ease of managing the bureau“[123], wovon mit Ausnahme der letzten beiden alle übrigen Komponenten eine positiv steigende Funktion des Gesamtbudgets darstellen, so daß Nutzenmaximierung durch Budgetmaximierung approximiert werden kann. Ein rationaler Chefbürokrat wird also ein derartiges Outputniveau produzieren, für das er das größtmögliche Budget erhält, was wiederum tendenziell zu einer zu großen Menge an Behördenoutput führt. Die Annahme, eine Behörde betreibe Outputmaximierung und arbeite dabei unter kostenminimalen Bedingungen bei Beachtung des Defizitverbots, ist nicht unwidersprochen geblieben.[124] Migue/Belanger[125] etwa modifizierten die Annahme dahingehend, daß der Nutzen der Bürokraten nicht aus einem möglichst hohen Gesamtbudget, sondern aus einer Kombination von Output und frei verfügbaren Budgetanteilen, das sogenannte diskretionäre Budget, resultiert.[126] Dieses entspricht der Differenz

---

[120] Vgl. Niskanen, 1971. Eine ausführliche Darstellung seines Modells findet sich z.B. bei Frey, 1981, S. 162f.

[121] Eine Bürokratie ist eine „Organisation, die sich nicht durch den Verkauf ihrer Leistungen auf Märkten, sondern durch einen ihr zur Verfügung gestellten Pauschalbetrag, durch ein Budget, finanziert.“ Roppel, 1979, S. 9.

[122] Vgl. Niskanen, 1971, S. 15.

[123] Niskanen, 1971, S. 38.

[124] „Paradoxically, the bureaucrat in Niskanen's model is as production efficient as a firm in a competetive market but takes zero rent for his effort.“ Orzechowski, 1977, S. 237.

[125] Vgl. Migue/Belanger, 1974.

[126] Vgl. ebenda, S. 29f.

zwischen Gesamtbudget und minimalen Gesamtkosten und wird, da nicht direkt aneigenbar, indirekt verwendet, beispielsweise zur Verbesserung der Büroausstattung. Auch dieses Modell führt jedoch in der Regel zu einem zu hohen Behördenoutput. Kritik erfährt auch die sehr verbreitete Budgetmaximierungshypothese. Gerade aus rationaler Sicht könnte ein Chefbürokrat statt unbedingter Budgetmaximierung ein solches Budget zu erreichen versuchen, bei dem die Vor- und Nachteile ausgewogen sind, da die Wirkungen einer Maximierung, Machtzuwachs und Kontrollverlust, gegenläufig sein können.[127]

Niskanen nimmt weiter an, daß im Rahmen der Budgetverhandlungen Behörde und budgetbewilligendes Organ, das Parlament, in einer Art bilateralem Monopol verbunden sind. Oftmals hat ein Sektor der öffentlichen Verwaltung ein Monopol für die Bereitstellung bestimmter staatlicher Leistungen, angeboten in Form nur einer einzig möglichen Outputmenge und der Forderung nach genau dem Budget, welches das Parlament bei diesem Outputniveau zu zahlen bereit ist. Die entsprechende Verhandlungsmacht einer Behörde gründet sich auf dem Wissen über die Zahlungsbereitschaft der Politiker, welches aus Erfahrungen aus vorangegangenen Budgetverhandlungen und beispielsweise aus Beobachtungen des Wahlkampfes sowie des politischen Abstimmungsprozesses gewachsen ist.[128] Hinzu kommt, daß das Parlament auf die Leistungen der Behörde angewiesen ist, deren Kostenverläufe ihm aber kaum bekannt sind und sich die Relation zwischen Preis und Leistung auch nicht aus deren Angebot ableiten läßt. Politiker übernehmen also die Rolle des passiven Geldgebers, der zwar einziger Nachfrager ist, aber nicht auf alternative Leistungserstellungen ausweichen kann. Diese Annahme ist allerdings dann zu relativieren, wenn, wie die neuere Deregulierungs- und Privatisierungsdebatte im Umweltbereich zeigt, Überlegungen angestellt werden, bisher in hoheitlicher Obhut befindliche Aufgaben auch einer privaten Trägerschaft zu übertragen.[129] Diskutiert wird hier vor allem die Übertragung von Überwachungs- und Kontrollbefugnissen an Private, um Behörden zu entlasten.[130] Existiert also die Option einer Privatisierung von Verwaltungstätigkeiten und eine solcherart entstehende Konkurrenzsituation, kann sich die Position von Sponsoren erheblich verbessern.

Das Niskanen-Modell und seine Annahmen erfuhren im Zeitverlauf einige kritische Anmerkungen und Modifikationen, auf die bereits kurz eingegangen

---

[127] Vgl. Roppel, 1979, S. 149.
[128] Vgl. Niskanen, 1971, S. 29.
[129] Vgl. Gawel, 1995, S. 86f.
[130] Vgl. Reinhardt, 1993, S. 617ff, der sich mit den rechtlichen Aspekten zu diesem Thema auseinandersetzt.

wurde. Ein weiterer Ansatz zur Kritik findet sich in der Vorgehensweise, das politische System lediglich als passiven Geldgeber zu modellieren. Es besteht gerade vor dem Hintergrund konkurrierender Parteien und politischen Wettbewerbs ein Anreiz für Parteien, Parlament und Regierung, die bürokratische Verwaltung zu kontrollieren, umso mehr, da passive Regierungen eine Chance für andere bieten, „...die auf dem 'Markt um politische Führungsmacht' kämpfen."[131] Diese könnten sich dergestalt um Wählerstimmen bemühen, indem sie versprechen, Renten aus bürokratischer Produktion, die bei passiven Politikern in der Bürokratie verbleiben, den Wählern weiterzugeben. Der anzunehmende Stimmengewinn kann dann als Nutzen betrachtet werden, der die potentiellen Kosten der Kontrollmaßnahmen bis zu einem bestimmten Grad kompensieren kann. Ähnliches formulierten Breton/Wintrobe, denn „...politicans interested in their reelection will obviously attempt to exploit their position as monopsony buyers of the bureau's output"[132], und gingen daher von einer Regierung aus, die mittels geeigneter Koordinations- und Kontrollverfahren Informationen über die Kostenverläufe von Bürokratien erlangen kann. In der Realität wird sich dagegen vermutlich weder die Bürokratie sämtliche Renten allein aneignen können, noch wird die Regierung in der Lage sein, vollständige und rationale Kontrollmaßnahmen durchzuführen. Außerdem besteht immer noch die Möglichkeit zu politischen Tauschgeschäften mit diesen Renten, etwa indem sie einer bestimmten Interessengruppe überlassen werden, die sich dann mit entsprechenden Gefälligkeiten revanchiert.

In jedem Falle ist aber eine zu hohe Produktion an Behördenoutput zu konstatieren. In einer repräsentativen Demokratie herrscht demnach eine am Umfang der öffentlich bereitgestellten Leistungen gemessene Überversorgung. Diese Schlußfolgerung steht im Widerspruch zur Realität des Vollzugs gerade umweltpolitischer Vorschriften, welcher sich eher mit einer Unterversorgung, also mit einem zu niedrigen Behördenoutput, auseinanderzusetzen hat. Versteht man unter Behördenoutput derartige Maßnahmen und Regulierungen, die die Umweltbürokratie zur Verbesserung der Umweltqualität ergreift und produziert, so weist die bloße Anzahl von Gesetzen, Verordnungen und Richtlinien in der Tat auf ein zu großes Behördenoutput hin. Auf der anderen Seite kann aufgrund einer ineffizienten Ausgestaltung und der mangelnden Wirkung dieser Maßnahmen eine Unterversorgung hinsichtlich des öffentlichen Gutes Umweltqualität abgeleitet werden. Zudem sei an die ökonomische Theorie der Demokratie und ihrer Schwierigkeiten erinnert, die Nachfrage der Politiker als korrekt und friktionslos abgeleitete Nachfrage der Wähler anzunehmen. Wenn die Nachfrageweitergabe

---

[131] Blankart, 1975, S. 172.
[132] Breton/Wintrobe, 1975, S. 198.

und damit die Beauftragung der Bürokratie durch die Politiker bereits dort durch das eigennützige Ausnutzen bestehender Handlungsspielräume verzerrt wird, ist anzunehmen, daß die bürokratische Leistungserstellung schließlich zwangsläufig die Wählerpräferenzen eher verfehlen wird. Tatsächlich muß eine Analyse, welche die Effizienz einer Bürokratie an den Präferenzen der Wähler mißt, zumindest die Unzulänglichkeiten des Kontrollverfahrens Demokratie dabei berücksichtigen. Innerhalb der ÖTB wird diesem Problem wenig Raum gewidmet, da die Nachfrage nach öffentlichen Leistungen annahmegemäß über die Regierung verläuft. Wahlen, die zu undifferenziert sind, um Politiker eng an die Wählerpräfrenzen zu binden oder sie überhaupt korrekt über diese zu informieren, sind dabei nicht von Interesse.

Abschließend bleibt anzumerken, daß die kurz dargestellten Modelle der ÖTB der Komplexität und Realität des Systems „Bürokratie“, respektive einer Umweltschutzbürokratie, nur unzureichend gerecht werden können. Es existieren zahlreiche Zielverschränkungen, denen allzu simplifizierte Verhaltensweisen von Politikern und Bürokraten, beispielsweise deren fast ausschließliche Zielabbildung durch die Budgetmaximierungshypothese, gegenüberstehen. Bei letzteren bestehen große diskretionäre Handlungsspielräume, Politiker wiederum können ihre Vorstellungen durch politische und politisierte Bürokraten, gemeint ist die deutsche Ministerialbürokratie, in die Verwaltung tragen, so daß schließlich nicht eindeutig festgestellt werden kann, wer sich mit seinen Zielen durchsetzt.[133] Gerade im Hinblick auf die stark politisierte Rolle der planenden Ministerialverwaltungen ist es fraglich, wieweit weiterhin eine Auftragsbeziehung zwischen politischem Willen und administrativer Ausführung unterstellt werden kann. Diese können aufgrund ihres Wissensvorsprungs und ihrer Zwischenstellung zwischen entpolitisierter Fachbehörde und regierungseigenem Apparat eher als autonomer Katalysator organisierter Gruppeninteressen begriffen werden, welche politische Gremien auf die Funktion der schlichten Legitimierung von bereits selbsttätig erarbeiteter politischer Pogrammatik verweisen.[134]

---

[133] Vgl. Offermanns, 1990, S. 208.

[134] Vgl. Gawel, 1993, S. 159ff, der bei der vierten Novelle des Abwasserabgabengesetzes festgestellt hat, daß diese auf Betreiben wichtiger industrieller und kommunaler Interessenvertreter von ministerieller Seite aus in einer Art administrativ-selbstreferentiellem Prozeß initiiert wurde. Mayntz bemerkt dazu:„Die eher punktuelle als systematische Steuerungsweise der politischen Leitung und der große Spielraum, den die Referate zur Entwicklung eigener Initiativen besitzen, könnte Tendenzen zur Verselbstständigung der Verwaltung gegenüber der Politik begünstigen und zu aktiven Versuchen führen, sich der politischen Steuerung zu entziehen und Programmentwicklung nach eigenen Zielvorstellungen zu betreiben. Ansätze in dieser Richtung finden sich vor allem, wo

Die Modellwelt der ÖTB, bestehend aus Sponsor, Büro und Normadressat, mit „der" homogenen Umweltschutzverwaltung als Zwischenglied, existiert also in der Praxis nicht. Für diesen Bereich gibt es eine Vielzahl von Behörden mit unterschiedlichem administrativem Rang, und der umweltrechtliche Vollzug muß sich demzufolge mit einer pluralen Kompetenzstruktur und einem hierarchisch strukturierten Instanzenzug auseinandersetzen. Außerdem konkurriert die Umweltschutzverwaltung in einer Art Ressortkonkurrenz meist mit anderen Zweigen der öffentlichen Verwaltung um Budgetmittel, wobei insbesondere die durch die Querschnittsaufgabe Umweltschutz zentral berührten Ressorts in direkter Konkurrenz stehen. Verhandlungen zwischen Regierung und Bürokraten werden dabei von Kontroversen zwischen den Ressorts überlagert.[135] Hinzu kommt, daß ein beachtlicher Teil staatlicher Leistungs- und Regulierungsprogramme von Bürokratien im Zusammenspiel mit den organisierten Interessen ausgearbeitet wird[136], und es ist daher im folgenden zu prüfen, welche Möglichkeiten der Einflußnahme und der Durchsetzungskraft von (Gruppen) Interessen im politischen Entscheidungsprozeß bestehen.

4.5 Ökonomische Theorie der Interessengruppen

Die Aufgabe einer Umweltschutzverwaltung oder einer Umweltbehörde liegt annahmegemäß primär in der Umsetzung der von Regierung und Parlament vorgegebenen Normen, so daß diese dann folglich in aller Regel als eine Art Eingriffsverwaltung verstanden werden kann. Bestehen ihre Leistungen oder auch Eingriffe vornehmlich aus Regulierungen der bisherigen umweltbelastenden Nutzungsweisen, führt das bei den unmittelbaren Adressaten in der überwiegenden Zahl der Fälle zu entsprechenden Nutzeneinbußen und zu Kosten. Tatsächlich bestehen aber unterschiedliche Kostenanlastungsmöglichkeiten. Für

---

zwischen Teilen der Ministerialbürokratie und der jeweiligen Regierung politische Meinungsunterschiede bestehen." Mayntz, 1985, S. 192.

[135] Vgl. Thürmer, 1984, S. 119.

[136] Liebl kam bei einer empirischen Erhebung über das Ausmaß der Korruption in der öffentlichen Verwaltung zu der vorsichtigen Aussage, daß in solchen Fällen die vorzufindenden Handlungsweisen darauf gerichtet sind, staatliche Steuerung zu umgehen oder zu vermeiden, und auf der anderen Seite Verwaltungsvorschriften von einem Teil der Wirtschaftsverbände tatsächlich als unzeitgemäß oder als Einschränkung der wirtschaftlichen Selbstbestimmung angesehen werden. Es wird argumentiert, daß in einer auf Gewinnmaximierung ausgerichteten Marktwirtschaft derartige Verhaltensweisen notwendig, allgemein praktiziert und anerkannt sind. Vgl. Liebl, 1992, S. 283ff.

die Adressaten kann es sich dann lohnen, dahingehend auf die Umweltbürokratie Einfluß zu nehmen, daß für die von ihnen vertretene Gruppe möglichst vorteilhafte umweltpolitische Maßnahmen, also annehmbare Belastungen, konzipiert werden. Ob und welche Interessen schließlich überhaupt Einfluß nehmen und Einfluß nehmen können, hängt von ganz unterschiedlichen Faktoren ab. Ein Beispiel sind die ungleich verteilten Möglichkeiten des Zugangs zum politisch-administrativen System. Für die Politiker kann es auf der anderen Seite im Interesse der Stimmengewinnung vor dem Hintergrund eines herrschenden Wettbewerbs zwischen den Parteien ebenso vorteilhaft sein, bestimmte Gruppen mit gezielten Maßnahmen zu begünstigen. Die grundlegende Voraussetzung bildet dabei aber stets die Organisationsfähigkeit der Interessen. Vor diesem Hintergrund ist das an anderer Stelle bereits kurz erwähnte Werk „Die Logik des kollektiven Handelns“ von Olson[137] wegbereitend, der sich vornehmlich mit den Bestimmungsgründen der Entstehung von Interessengruppen auseinandersetzte.
Er tritt der lange vorherrschenden Sichtweise entgegen, die Gesellschaft als ein Netzwerk von Gruppen zu betrachten, deren Mitglieder sich freiwillig auf der Grundlage gemeinsamer Interessen zusammenschließen, so daß also die gemeinsame Zielsetzung ausreicht, um Gruppenbildung zu ermöglichen. Tatsächlich ist das keine hinreichende Bedingung für die Organisation rational handelnder Individuen, da ihr gemeinsames Interesse und damit ihr Ziel, die Erreichung von gruppenspezifischen Vorteilen durch politische Einflußnahme, die Eigenschaften eines Kollektivgutes besitzt. Das zentrale Problem der gruppeninternen Interessenkonstellation liegt in der Überwindung des Gefangenendilemmas, welches sich aus der Konsequenz der Unteilbarkeit des Gutes ‘Politischer Einfluß’ ergibt. Es handelt sich um ein gruppenspezifisches Kollektivgut[138], und die Bereitstellung von Kollektivgütern stellt eine grundlegende Funktion von Organisationen dar. Von einer Zielrealisierung profitieren alle und niemand kann vom Ergebnis ausgeschlossen werden, unabhängig davon, ob er sich an den Kosten beteiligt oder nicht. Auch hier gilt die free-rider-Problematik. Es bestehen somit kaum Anreize, einer entsprechenden Gruppierung beizutreten und Ressourcen zur Unterstützung und Förderung der gemeinsamen Ziele aufzuwenden. Dominiert eine derartige rationale free-rider-Verhaltensweise, unterbleibt die Organisation und Erstellung des Kollektivgutes, obwohl dies im Eigeninteresse des einzelnen Individuums liegt.

Eine wesentliche Determinante bei der Entstehung von Gruppen zur Durchsetzung eines gemeinsamen Interesses ist ihre Größe. Es ist anzunehmen, daß eine geringere Anzahl von Mitgliedern, also eine eher kleine Gruppe, eine umso

[137] Vgl. Olson, 1968.
[138] Vgl. Pethig, 1986, S. 145ff.

eindeutigere Zuordnung von Kosten und Nutzen der Mitgliedschaft zulassen wird. Solange das einzelne Individuum erheblich zur Erlangung des kollektiven Gutes beiträgt und auch sein Anteil an diesem entsprechend größer ist, sind die Voraussetzungen für eine Organisation der Gruppeninteressen günstig. Eine freiwillige Beteiligung der Mitglieder an den notwendigen Kosten dürfte auch aufgrund der in kleinen Gruppen relativ problemlos einsetzbaren Mittel der direkten sozialen Interaktion, beispielsweise Konformitätsdruck, erreicht werden. In kleinen Gruppen besteht eine merkliche Interdependenz der individuellen Verhaltensweisen und zudem kann generell gelten, daß ein Interesse am Wohlergehen anderer sowie die Anerkennung gegenseitiger Abhängigkeit, beides eher in kleinen Gruppen anzutreffen, die Chancen für die Beschaffung von Kollektivgütern erhöht.[139] Diese können zudem in Gruppen mit unterschiedlich stark ausgeprägtem Interesse der Mitglieder an einer solchen Bereitstellung noch ungleich größer sein. Mit steigendem Interesse eines einzelnen am Kollektivgut steigt auch die Wahrscheinlichkeit, daß dieser einzelne einen so bedeutenden Anteil am Gesamtnutzen, den das Kollektivgut stiftet, erhalten wird, daß er gegebenenfalls für dessen Bereitstellung sogar dann sorgen wird, wenn er die gesamten Kosten selbst tragen muß.[140] Olson sieht daher in der Ungleichheit innerhalb von Gruppen zusätzliche Chancen, gemeinsame Interessen durchzusetzen oder Kollektivgüter zu beschaffen, wenn auch freilich kaum in optimaler Menge. Diese Tendenz zur Suboptimalität liegt in der nach wie vor vorhandenen free-rider-Problematik begründet, welche sich aus der Definition eines Kollektivgutes ergibt und mit zunehmender Gruppengröße drängender wird. Die Folge bezeichnet Olson als paradoxe Logik:„Je größer die Gruppe ist, desto weniger wird sie in der Lage sein, die optimale Menge eines Kollektivgutes bereitzustellen."[141] Damit das in großen Gruppen überhaupt gelingt sind selektive Anreize nötig, die negativer Art, etwa der gesetzliche oder faktische Zwang zur Mitgliedschaft, oder positiver Art, wie soziale Anreize oder ökonomische Anreize in Form von privaten Gütern, welche nur Beitragzahlern zugute kommen und alleine nicht oder nur mit höherem Ressourcenaufwand zu erlangen sind, sein können. Der Erhalt letzterer ist dann im Idealfall das Ziel des Individuums und das ursprüngliche Organisationsziel, die Produktion von Kollektivgütern, wird vielfach zum Nebenprodukt.[142] Interessengruppen, die für ihren politischen Einfluß einen hohen Ressourceneinsatz aufwenden, bilden sich offenbar vor allem

[139] Vgl. Weede, 1992, S. 118f.

[140] Vgl. Olson, 1968, S. 43.

[141] Olson, 1968, S. 33.

[142] „Die Lobbies der großen wirtschaftlichen Gruppen sind die Nebenprodukte von Organisationen, die in der Lage sind, eine latente Gruppe durch 'selektive Anreize' zu mobilisieren." Olson, 1968, S. 130.

dann und sind in der Folge umso effektiver, wenn ganz spezifische Vorteile, die mit der Versorgung von privaten Gütern verbunden sind, angestrebt werden, je mehr also und je differenzierter selektive Anreize gegeben werden können. Die Allgemeinheit betreffende Vorhaben, wie beispielsweise eine saubere Luft, mit generellen Vorteilen für alle Individuen der Gesellschaft, werden dagegen unterbleiben.[143] Die Interessengruppen können damit als „Produzenten von gruppenspezifischen Vorteilen interpretiert werden, die mit der Produktion politischen Drucks eine Steigerung ihres Einflusses im staatlichen Entscheidungsprozeß anstreben."[144]

Schließlich soll in diesem Rahmen noch an die Mechanismen der vorangegangenen Abschnitte erinnert werden. Mit zunehmender Größe einer Organisation bieten sich die entsprechenden Möglichkeiten der Funktionäre zur eigenen Interessenverfolgung und es werden sich bürokratische Strukturen einstellen, denen wiederum nur eine mangelhafte Kontrollausübung der Basis gegenübersteht.

Olsons Werk hat eine Reihe von, auch kritischen, Reaktionen ausgelöst, auf die kurz hingewiesen werden soll. Sein Zusammenhang zwischen Gruppengröße und Nichtbeschaffung oder suboptimaler Beschaffung von Kollektivgütern wird bei Nichtrivalität des Konsums, unterproportional steigenden Beschaffungskosten und positiver Korrelation von Gruppengröße und Heterogenität als nicht zwingend erachtet.[145] Auch sei die Produktion wirklich öffentlicher Güter in großen Gruppen generell kaum erklärbar. Die Erklärung der Beschaffungschance mancher öffentlicher Güter durch die vorherige Existenz anderer öffentlicher Güter, nämlich eines Apparates oder auch eines Staates, welcher selektive Anreize und Zwang einsetzt, wird als unbefriedigend empfunden, weil es sich lediglich um eine Verschiebung des Erklärungsproblems handle.[146]

Es kann dennoch festgehalten werden, daß große Gruppen bei der Verfolgung ihrer gemeinsamen Interessen strukturell bedingte Organisations- und Handlungsnachteile haben werden und das umso mehr, je weniger spezifiziert das gemeinsame Interesse ist. Ein Großteil der Bevölkerung mit allgemeinen Interessen ist damit in Massenorganisationen kaum dauerhaft zu organisieren, so daß ihre Vertretung im politischen Entscheidungsprozeß entweder entfällt oder zumindest ohne nennenswerten Einfluß bleibt. Auf den Umweltbereich

---

[143] Vgl. Naumann, 1984, S. 14.
[144] Märtz, 1990, S. 88.
[145] Vgl. Weede, 1992, S. 120f oder auch Oliver/Marwell, 1988.
[146] Vgl. Hechter, 1987, S. 9f.

übertragen, ist die Organisation von rational handelnden Individuen zum Schutz der Umwelt und deren daraus folgende erfolgreiche Interessenvertretung eher nicht zu erwarten. Umweltqualität als Kollektivgut bietet keine Aufforderung, die free-rider Position aufzugeben und sich an den Kosten einer entsprechenden Organisation und aktiven Einflußnahme zu beteiligen, obwohl Umweltschutz im eigenen Interesse liegen mag. Selbst der Staat, als Beispiel einer sehr großen Organisation, welche den Bürgern alle Arten von Vorteilen, wie etwa die Verläßlichkeit eines demokratischen Rechtsstaates, zukommen läßt, kommt nicht ohne Zwangszahlungen, Steuern, zu deren Erhaltung aus.

Dennoch bieten sich Möglichkeiten, potentielle Mitglieder zu einer faktischen Beteiligung zu bewegen. Zunächst wird davon ausgegangen, daß das Individuum ein Bedürfnis nach Umweltschutz hat, schon allein, weil eine entsprechende Nutzung von intakten Umweltgütern für den einzelnen aus physischen Gründen überlebenswichtig ist.[147] Unabhängig vom tatsächlich nachgefragten Maß an Umweltqualität kann weiter angenommen werden, daß der drohende Verlust eines Gutes, in diesem Falle Umweltqualität, ungleich motivierender und mobilisierender wirkt als der mögliche Gewinn eines zusätzlichen Gutes, und das in noch stärkerer Weise in Verbindung mit lokaler Betroffenheit. Hier kann eine Organisation aufgrund eines klar formulierten Anliegens mit direkt spür- und quantifizierbarem Nutzen sowie überschaubaren Kosten durch Spezifizierung und Homogenisierung des gemeinsamen Interesses und der damit einhergehenden Verkleinerung der Gruppe gelingen.[148] Das heißt nicht, daß eine solche auf überregionaler Ebene zwangsläufig scheitern muß. Gerade für den Bereich des Umweltschutzes spielen mitunter andere Faktoren eine Rolle, als die theoretischen Überlegungen vermuten lassen. Ohne die offensichtlich bestehenden Nachteile bei der Organisation von allgemeinen Interessen und die Existenz der Kollektivgutproblematik verleugnen zu wollen, ist anzunehmen, daß das unterstellte Antriebsmotiv des Individuums auch in diesem Falle nicht ausschließlich durch das ökonomische Kalkül determiniert ist. Faktoren wie die zunehmende Sensibilisierung und Informiertheit gegenüber Umweltbelastungen und deren bedrohlichen Auswirkungen, Lernfähigkeit und moralisch-ethische Gesichtspunkte, sind nicht zu vernachlässigen und für Umweltschutzorganisationen ganz wesentlich.

Neben den Problemen der Organisation von Interessen und der Größe der Gruppen, ist der tatsächliche Einfluß von Interessengruppen auf politische und administrative Entscheidungsträger näher zu betrachten. Es bestehen ganz

---

[147] Vgl. Jaeger, 1994, S. 124.
[148] Vgl. Mock, 1991, S. 141.

unterschiedliche Möglichkeiten der Einflußnahme. So sind für die Planung, Umsetzung und Kontrolle von Vorhaben vielfältige, vor allem basisnahe Informationen nötig, und Politiker wie Bürokraten könnten sich diese nur zum Teil und nur mit einem entsprechenden Kostenaufwand selbst beschaffen, was demzufolge rationalerweise eher unterbleiben wird. Interessengruppen wiederum haben die wichtige Funktion der Aggregation und Artikulation von Interessen und verfügen in bestimmten Bereichen auch aufgrund dezentraler Strukturen über die Möglichkeit, diese Informationen zu erbringen. Bernholz/Breyer sprechen hier von einem Quasi-Monopol der Interessengruppen an Informationen.[149] Bei einer derartigen Konstellation liegt es nahe, Informationen unter Umständen sowohl selektiert als auch manipuliert weiterzugeben, allerdings nur sofern dabei die Glaubwürdigkeit nicht ernsthaft beschädigt wird.[150] Die bestehende Unsicherheit der Politiker über Wählerpräferenzen wird hier durch gezielte Informationspolitik, etwa zu erwartende Stimmenverluste bei bestimmten Maßnahmen, genutzt. Politiker werden demzufolge unter Wahlgesichtspunkten versuchen, bei einer Entscheidung die Differenz zwischen Stimmenzuwächsen und Stimmenverlusten zu maximieren. Ihre Präferenzen für gruppenorientierte Sonderregelungen gründen sich mithin auf deren besonderer Eignung, Wählerstimmen zu gewinnen. Interessengruppen können die Politiker mit Informationen über Umweltprobleme versorgen und auf der anderen Seite die Wähler mit Berichten über den Verlust von Arbeitsplätzen durch Umweltschutzmaßnahmen mobilisieren. Ihr Einfluß beinhaltet beispielsweise ein gewisses Drohpotential bezüglich etwaiger Verlagerungen von Produktionsstätten ins Ausland oder zeigt sich durch finanzielle Zuwendungen legaler und weniger legaler Art an Politiker und Bürokraten. Gezielte Öffentlichkeitsarbeit kann genauso zu ihren Aufgaben gehören, wie die Unterbringung von Verbandsmitgliedern im Parlament, um die Mitwirkung bei Gesetzesvorlagen sicherzustellen. Für ihre Leistungen oder auch ihre Nicht-Leistungen in Form eines Verzichts auf die Demonstration ihrer Macht werden schließlich Gegenleistungen im Rahmen der jeweiligen Handlungs- und Entscheidungsspielräume von Politikern und Bürokraten im Sinne der Zielsetzung der Interessengruppe erwartet. Es geht in aller Regel um derartige Regulierungen, die der Erlangung oder Wahrung von Besitzständen dienen, und bestimmte umweltpolitische Maßnahmen können dann sogar unterbleiben oder zumindest entsprechend konzipiert werden.

---

[149] Vgl. Bernholz/Breyer, 1994, S. 194.
[150] Vgl. Vieler, 1986, S. 136f.

Letztendlich stehen Verteilungsfragen, die von jeder staatlichen Aktivität hervorgerufen werden[151], im Mittelpunkt und damit die Aussicht, Einkommen nicht mehr nur über den Markt, sondern auch über den politischen Prozeß zu realisieren. Tullock bezeichnet diese Möglichkeit als rent-seeking[152], und es geht dabei um die Interdependenz von distributiven Gruppeninteressen und politischem Entscheidungsverhalten in demokratischen Gesellschaftssystemen. Staatliche Maßnahmen sind danach hauptsächlich unter dem Aspekt der vorteilhaften Durchsetzung von Sonderrechten zu erklären, mit welcher um politische Einflußnahme konkurrierende Individuen oder Interessengruppen das Ziel verfolgen, auf diesem Wege Renten zu erringen und damit Verteilungsvorteile abzusichern.[153] Von entscheidender Bedeutung ist nun, inwieweit die bestehenden politischen Institutionen einer demokratischen Gesellschaft im Sinne von Parteien die Durchsetzung von Verteilungsvorteilen zugunsten partieller Interessen billigen. Denn wenn damit zu rechnen ist, daß bestimmte Eigentumsrechte auf Druck von Interessengruppen neu definiert und umverteilt werden können, wird es individuell ertragreich, Ressourcen zur Erlangung oder Sicherung dieser Rechte und der damit verbundenen Verteilungsvorteile zu investieren, und zwar solange, wie die Kosten den zu erzielenden Nutzen nicht übersteigen.[154] Es entstehen leistungsunabhängige und über der Entlohnung bei Wettbewerbsbedingungen liegende Renten, die den Mitgliedern der jeweiligen Interessengruppen zugute kommen. Aus der Interdependenz von, auch gegenläufigen, organisierten Gruppeninteressen und politischem Entscheidungsverhalten kann sich ein kumulativer Prozeß ergeben, der dann weitere staatliche, sich mitunter gegenseitig neutralisierende, Interventionen mit vornehmlich distributivem Charakter induziert.

Im Bereich der Umweltpolitik ergeben sich beispielsweise dergestalt Konflikte, daß den gewohnheitsmäßigen Rechten zur kostenlosen Umweltnutzung einschließlich der oftmals damit einhergehenden erheblichen Umweltbelastung die Forderung nach deren Reduzierung gegenübersteht. Es ist unmittelbar einsichtig, daß gerade Interessengruppen, deren Mitglieder wegen der Irreversibilität ihrer Investitionen in umweltintensive Produktionsanlagen entsprechend betroffen sind, versuchen werden, politische Einflußnahme zur

[151] „The essence of politics is redistribution and political conflicts center on matters of distribution." Brunner, 1978, S. 662.

[152] Vgl. Tullock, 1980, S. 17. Eine zusammenfassende Darstellung der Theorie des Rent-Seeking gibt Tollison, 1982.

[153] „One of the major activities of modern governments is the granting of special privileges to various groups of politically influential people." Tullock, 1975, S. 671.

[154] Vgl. Märtz, 1990, S. 34f.

Sicherung oder Rückgewinnung ihrer 'sunk costs' auszuüben.[155] Ihnen gegenüber können solche Gruppen stehen, die umweltschonende Technologien produzieren und demzufolge versuchen werden, diese zum Gegenstand allgemeingültiger Auflagen zu machen sowie etwaige Altemittenten vom Markt zu verdrängen. Auf eine solche positive, weil innovationsfördernde Wirkung von rent-seeking Aktivitäten im Umweltbereich sei also auch hingewiesen. In der Regel aber ist anzunehmen, daß die Durchsetzung bestimmter rent-seeking Aktivitäten im politischen Prozeß gleichzeitig Abweichungen staatlicher Aktivitäten vom tatsächlichen Wählerwillen bedeuten. Partikulare Interessenverfolgung wird dann mit dem Verweis auf übergeordnete gesellschaftliche Interessen legitimiert und entzieht sich dabei aufgrund der rationalen Uninformiertheit der Wähler einer effektiven Kontrolle.

Immerhin herrscht Wettbewerb um Einfluß und Anteile am Verteilungspotential, also an Umweltnutzungsrechten sowie den entsprechenden Formen der Zuweisung oder Rückgabe dieser Rechte, und mithin Konkurrenz zwischen den Interessengruppen. Ihr Einfluß ist ungleich verteilt und gründet sich auf Faktoren wie den unterschiedlichen Möglichkeiten des Zutritts zum politisch-administrativen System, ihre Organisationsfähigkeit, ihr Machtpotential und finanzielle Ressourcenausstattung sowie der Relevanz ihrer Informationslieferungen. Vor diesem Hintergrund befinden sich bei einer angenommenen, stark vereinfachten, Trennung von umweltbelastenden Interessen und Umweltschutzinteressen[156] letztere in der schwächeren Position. Sie haben sich mit dem Problem auseinanderzusetzen, daß Umweltschutz noch nicht lange genug ein Thema ist, um als institutionierter Politikbereich über feste Lobby-Strukturen und damit über eine entsprechende Ausgangsposition zur Artikulation ihrer Anliegen zu verfügen. Eine übermäßige Nähe zu den etablierten Parteien wurde zu Beginn ihrer Arbeit als negativ betrachtet. Ihnen stehen zudem bei der Forderung nach einer vermehrten Bereitstellung von Umweltqualität mehrere zuständige Ressorts sowie zahlreiche umweltrelevante politische Vorhaben gegenüber, so daß eine möglichst breit angelegte Interessenvertretung erforderlich wird, die dann mit den Nachteilen einer solchen, wie einer ungenügenden finanziellen und personellen Ressourcenausstattung oder einer ineffektiven Zersplitterung der Kräfte, zu kämpfen hat. Wenig hilfreich dabei ist auch ein untereinander bestehender Konkurrenzkampf. Hinzu kommt, daß der Bedarf an Informationen seitens der

---

[155] Vgl. Stähler, 1991, S. 86.

[156] Unterschiedliche Standpunkte schließen dabei die Möglichkeit zu gegenseitiger Kommunikation nicht mehr zwangsläufig aus. So trafen sich beispielsweise die Vertreter des Verbands der Chemischen Industrie (VCI), die der Gewerkschaft der IG Chemie und die der Umweltverbände nicht zum ersten Mal zu einem 'streitbaren Dialog' und zeigten sich, in Maßen, durchaus lernfähig. Vgl. Focus, 28/1997, S. 59.

Politiker und der Bürokraten zwar grundsätzlich auch von Umweltverbänden und Wissenschaftlern gedeckt werden kann und wird , aber auch 'umweltbelastende Interessengruppen' die Möglichkeit haben, wissenschaftliche Gutachten gezielt in ihren Dienst zu stellen. Der Erfolg interessengesteuerter Informationen hängt dabei wesentlich von ihrer Reichweite und der Glaubwürdigkeit der Inhalte ab. Hier liegen die Chancen von Umwelt- und Naturschützern. Ihre Instrumente heißen Ethik, Moral und gute Argumente.[157] Schließlich ist Umweltschutz sowohl ein wähler- als auch konsumentenwirksames Thema und keine Interessengruppe wird offen und direkt gegen seine Notwendigkeit opponieren, wohl aber vor dem Hintergrund drohender und ungleich verteilter Kosten um das als richtig empfundene Maß streiten. 'Umweltbelastende Interessengruppen' befinden sich in dieser Auseinandersetzung im Vorteil und auch die Darstellung des systemimmanenten Wachstumszwanges hat gezeigt, daß diese aufgrund wirtschaftlicher Macht über Einfluß im politischen Entscheidungsprozeß verfügen.

Wenn eine umweltbezogene hoheitliche Regelung im Vorfeld oder zu Beginn der Programmformulierungsphase dennoch nicht abgewendet werden kann, bestehen immer noch Einflußmöglichkeiten bezüglich vorteilhaft formulierter und wirkender Steuerungsformen. Die in der Diskussion stehenden umweltpolitischen Instrumente werden unter Kosten-Nutzen Gesichtspunkten auch dahingehend beurteilt, welche Mitwirkungsmöglichkeiten und Verhandlungsspielräume sich bieten. Hier konnte bereits gezeigt werden, daß sich etwa Umweltauflagen unter diesen Kriterien als vorteilhaft für die Adressaten erweisen, da eine Umweltnutzung in der Höhe der tolerierten Restverschmutzung immer noch kostenlos bleibt und ein Einwirken auf deren konkrete Ausgestaltung beispielsweise mit Arbeitsplatz- und Standortargumenten sowie der Forderung nach Übergangsfristen, Einzelgenehmigungen und Ausnahmeregelungen stets möglich ist. Da die individuelle Vorteilsvereinnahmung sowie die individuelle Belastung durch das Instrument ausschlaggebend sind, und keineswegs eine zu erzielende Minderung von gesellschaftlich zu tragenden Kosten, werden die betroffenen Unternehmen oder Interessengruppen marktorientierten Instrumenten weniger positiv gegenüberstehen. So sind den Verhandlungsmöglichkeiten etwa bei Abgaben, wenn einzelfallbezogene Regelungen nicht möglich sind, Grenzen gesetzt. Dagegen bieten sich aber Spielräume bei den Fragen der Bemessungsgrundlage und der Abgabenhöhe. Generell ist anzunehmen, daß betroffene Interessengruppen nicht-offizielle Kooperationslösungen bevorzugen und anbieten werden, da deren rechtliche Unverbindlichkeit entsprechende Handlungsspielräume bis zur Nichteinhaltung des Vereinbarten eröffnet und aus diesem Grund bei

---

[157] Vgl. natur, 1/1994, S. 12ff.

Umweltverbänden auf Ablehnung stoßen. Die Erfahrungen der niederländischen Umweltpolitik, die bevorzugt mit dem Modell der Selbstverpflichtung operiert, sind dagegen bisher nicht unbedingt negativ, wiewohl die betrachtete Zeitspanne noch zu kurz ist, um über tatsächliche Erfolge zu befinden.[158]

Im Verlauf der bisherigen Darstellung konnten vor dem Hintergrund der NPÖ die am umweltpolitischen Entscheidungsprozeß beteiligten Akteure identifiziert und ihre Interdependenzen und Interaktionsbeziehungen analysiert werden. In diesem Beziehungsgeflecht sind Problemlagen offensichtlich. Der Wähler verliert an Wählersouveränität und in der Folge erweisen sich staatlich determinierte Institutionen sowohl für die unterschiedlichen Interessengruppen als auch für die politisch-administrativen Entscheidungsträger als geeignete Instrumente zur Realisierung ihrer jeweiligen Zielsetzungen. Die Eigenschaften der betrachteten Subsysteme, wie beispielsweise die Koordination durch Wahlen im politischen Prozeß oder die Finanzierung einer Verwaltung durch gegebene Budgets im bürokratischen System sowie der beträchtliche Einfluß von Interessengruppen, prägen entscheidend Funktionsweise und Prozeßergebnisse der Systeme.

Zu betrachten ist schließlich der institutionelle Rahmen, innerhalb dessen eigennutzmaximierende Individuen agieren. Das betrachtete polit-ökonomische Gesamtsystem wird damit wiederum weiter endogenisiert, in dem Sinne, daß nicht nur die Gesetzgebung oder das Verhalten von Politikern und Bürokraten abhängig sind von Parametern des Systems und ihrerseits auf das Gesamtsystem einwirken, sondern gleiches auch für die institutionellen Arrangements in einer Gesellschaft zutrifft. Interaktionsökonomik ist ganz grundlegend auch Institutionenökonomik.[159]

4.6 Ökonomische Theorie der Verfassung (Constitutional Economics)

Die ökonomische Theorie der Verfassung begreift die skizzierten Probleme auch als Fragen der konstitutionellen Gestaltung und deren Entstehung ist von Interesse. Eine ideale politische Ordnung mit ihren institutionalisierten Anreizen, auf die Individuen als (umwelt)politische Entscheidungsträger reagieren, müßte derart beschaffen sein, daß eben diese Probleme minimiert oder ausgeschlossen

---

[158] Vgl. Tuininga, 1996, S. 70f.
[159] Vgl. Homann, 1996, S. 42.

werden könnten, wenn die ihrem Eigeninteresse gemäß handelnden Beteiligten gezwungen sind, dem Interesse aller zu dienen.[160] Die bestehenden speziellen Anreizstrukturen gerade beim rent-seeking lassen dagegen an Interessengruppen und Politiker gerichtete Appelle, ihr Verhalten am Gemeinwohl auszurichten, wirkungslos bleiben, solange die grundlegenden Restriktionen des politischen Entscheidungsverfahrens nicht entsprechend umgestaltet werden. Vorwürfe, die auf die Verfolgung des Eigeninteresses anstelle des Allgemeininteresses zielen, sind zudem methodisch ein Fehler, da es sich dabei im ökonomischen Ansatz um die Standardannahme jeder Analyse handelt und moralische Entrüstung diesem Umstand nicht Rechnung trägt. Es geht also um Veränderungen der institutionellen Bedingungen politischen Handelns, und die ökonomische Theorie der Verfassung intendiert insofern eine Ordnungstheorie für kollektive Organisationen des staatlichen Bereiches.[161] Dem Paradigma des methodologischen Individualismus folgend ist eine solche Ordnungspolitik in demokratischen Gesellschaften angesichts ihrer Verpflichtung, die politische Ordnung nach dem individualistischen Prinzip zu gestalten, notwendigerweise Demokratiepolitik.[162] Eine im Kollektiv getroffene Entscheidung ist für alle verbindlich, die sich in ihrem Geltungsbereich befinden, und zwar unabhängig davon, ob diese mit dem Entscheidungsergebnis einverstanden sind oder nicht. Diese Aussage impliziert die fundamentale, stets aufs neue zu beantwortende Frage, wie die Freiheit des Individuums mit der von Kollektiventscheidungen unweigerlich ausgehenden Einschränkung derselben in Einklang gebracht werden kann. Auf diese Frage wird an anderer Stelle noch zurückzukommen sein.

Zunächst bleibt festzustellen, daß die für alle Kollektiv- oder Gesellschaftsmitglieder verbindlichen Entscheidungen bei Anwendung des Individualismus als Norm konsequenterweise nach dem Prinzip der Einstimmigkeit getroffen werden müßten, da nur dann sichergestellt ist, daß der einzelne keine Nutzeneinbußen durch die Realisierung von den eigenen Präferenzen zuwiderlaufenden Zielvorstellungen hinnehmen muß. In jedem anderen Fall entstehen Nutzeneinbußen für eine bestimmte Anzahl von Kollektivmitgliedern zwangsläufig und werden auch hier als externe Kosten bezeichnet. Ein Abgehen von der Einstimmigkeit birgt immer die Gefahr der Diskriminierung einzelner, unter Umständen großer Gruppen. Eine konsequente Anwendung der Einstimmigkeitsregel setzt freilich sogenannte Konsensfindungskosten voraus und diese sind beträchtlich. Sie sind umso höher, je mehr die Zielvorstellungen und Bedürfnisse des einzelnen sich von denen der übrigen Mitglieder unterscheiden und je homogener die Präferenzsysteme dieser übrigen untereinander sind. Es ist mithin

---

[160] Vgl. Cassel, 1988, S. 320.
[161] Vgl. Leipold, 1988, S. 257.
[162] Vgl. Mackscheidt/Kirsch, 1985, S. 42.

einsichtig, daß aus der Einstimmigkeitsregel angesichts der Höhe der Konsensfindungskosten tatsächlich die Entscheidungs- und Handlungsunfähigkeit des Kollektivs resultiert. Buchanan/Tullock haben das Problem zwar gesehen, nehmen aber trotzdem an, daß der Konsens über eine Verfassung, welche die Regeln der Entscheidungsfindung im Kollektiv determiniert, einstimmig erfolgt ist.[163] Solcherart getroffene Entscheidungen müssen dann keineswegs den Präferenzen des einzelnen entsprechen, verletzen aber seine Autorität als letzte Entscheidungsinstanz ebensowenig, da die Verfassung individualistisch legitimiert ist. Die Möglichkeit für einen einmütigen Verfassungskonsens und damit für eine langfristige vertragliche Bindung von rational handelnden Individuen ist dann gegeben, wenn die Entscheidungssituation jedes Individuums in einem quasi virtuellen Zustand völliger Ungewißheit betrachtet wird. Rawls[164] nennt dieses theoretische Konstrukt 'Schleier der Ungewißheit' und definiert damit eine Art Urzustand, bei dem der einzelne weder weiß, in welcher Position er sich in Zukunft befinden wird, noch, welche spezifischen Entscheidungen, die seine Position beeinflussen könnten, zu treffen sein werden.[165] Unter dem 'Schleier der Ungewißheit' wird jedes Individuum darauf achten, daß die Verfassung nicht einseitig die Interessen etwa eines bestimmten Typs oder bestimmter Klassen zu Lasten der übrigen bevorzugt, so daß jedem an der Aufstellung fairer Regeln gelegen sein wird, die ein möglichst gerechtes Ergebnis erwarten lassen. Der einzelne wird unter der Maßgabe einer für alle gleich hohen Unsicherheit über die jeweilige eigene Position in den zukünftigen Entscheidungsgängen für eine Entscheidungsregel unter Beachtung der Interessen aller Individuen und aller zukünftigen Situationen votieren, und die Annahme des individuell rationalen Handelns muß dabei nicht aufgegeben werden. Ein einstimmiger Verfassungskonsens ist wahrscheinlich. Verteilungsfragen lassen sich auf konstitutioneller Ebene über diesen Konsens regeln, da sich hier allgemeine Interessen gegenüber den partikularen Interessen weniger im Nachteil befinden, so daß Vorkehrungen gegen die kollektive Selbstschädigung durch die Verfolgung von Gruppeninteressen auf prozedualer Ebene getroffen werden können. In diesen Vorkehrungen in Form von adäquaten Rahmenbedingungen liegt die Voraussetzung für effiziente nachkonstitutionelle Entscheidungen.

Es sei allerdings noch einmal daran erinnert, daß es sich bei dem Zustandekommen eines einstimmigen Verfassungskonsenses um theoretische Überlegungen handelt und der 'Schleier der Ungewißheit' ein ebensolches theoretisches Konstrukt ist. Ein derartiger Konsens muß in der Realität als generelles oder

---

[163] Vgl. Buchanan/Tullock, 1962, S. 77f.

[164] Vgl. Rawls, 1971/75, S. 136ff.

[165] Vgl. Buchanan, 1977, S. 295.

direktes Organisationsprinzip scheitern und kollektive Entscheidungen haben sich zwangsläufig mit einem gewissen Legitimationsdefizit auseinanderzusetzen.

Unabhängig davon bleibt der spezifische Regelungsbedarf in Kollektiven, also die Regelung der individuellen Beiträge für die Erstellung der Kollektivleistung sowie deren anteilige Verteilung und die Regelung der Verfahren der Abstimmung und damit der Zuordnung und Kontrolle von Entscheidungs- und Machtkompetenzen, bestehen und begründet damit die Verfassung von Kollektiven.[166] Diese setzt sich aus einem Geflecht verschiedenster formeller und informeller Regeln zusammen, wobei die individuellen Grundrechte und der Organisationsrahmen der politischen Akteure, geprägt von den Prinzipien der Unverletzlichkeit der Grundrechte, der Souveränität des Volkes und der Gewaltenteilung, politisch kodifiziert sind. Demokratie ist hier Norm und Verfahren und letzterem liegt das vorgestellte Demokratieverständnis von Schumpeter und Downs zugrunde. Die Verfolgung des Eigeninteresses kann dabei nur bei einer den Präferenzen der Wähler entsprechenden Versorgung mit kollektiven Gütern verwirklicht werden. Vor diesem Hintergrund sind Defizite bezüglich dieser Versorgungsqualität, wie etwa eine Unterversorgung mit Umweltqualität, auch und gerade ordnungspolitische Probleme und bedürfen institutioneller Veränderungen. Nach der ökonomischen Theorie der Verfassung liegt in den bestehenden Verfassungsregeln die Ursache der als Politik- oder Bürokratieversagen bezeichneten Versorgungsdefizite. Eine unzureichende Gestaltung induziert ebensolche Verhaltensweisen der politischer Akteure mit wiederum negativen ökonomischen wie ökologischen Folgewirkungen, und schließlich wird der langfristige Bestand der Ordnung selbst gefährdet sein. Eine solche Gefährdung ist nicht gänzlich unrealistisch, auch wenn sich der moderne Verfassungs- und Verwaltungsstaat immer noch durch eine relativ stabile Autonomie seiner Institutionen gegenüber opportunistischer Zweckrationalität auszeichnet, da seine Legitimation sowohl im Bereich der politischen Willensbildung als auch im Bereich des administrativen Vollzugs prinzipiell auf der Einhaltung von Verfahren und nicht auf der Verfolgung von Zwecken basiert.[167] Institutionelle Garantien, wie die Meinungs- und Pressefreiheit, das Mehrheitsprinzip, die Gesetzesbindung der öffentlichen Gewalt, die administrative Kompetenzordnung und die unabhängige Kontrolle durch Gerichte, Parlamente und die Öffentlichkeit tragen dafür Sorge.

Notwendige verfassungspolitische Reformen sind allerdings mit einer speziellen Implementationsproblematik konfrontiert. Gegenüber einer Wirtschaftsordnungspolitik, die in erster Linie mit Blick auf das Verhalten von Dritten erfolgt, müssen

---

[166] Vgl. Leipold, 1988, S. 258f.
[167] Vgl. Seibel, 1992, S. 348f.

in der Demokratiepolitik Politiker sich selbst bestimmten Regelungen unterwerfen, so daß jegliche Reformkonzepte ganz wesentlich von ihrer Bereitschaft zur Selbstbindung abhängen. Da die angestrebten institutionellen Änderungen den Eigeninteressen der Betroffenen zuwiderlaufen, sind Reformen nur unter Druck, etwa Unzufriedenheit bei Wählern, oder in Krisenzeiten zu erwarten.[168] Hinzu kommt, daß aus vertragstheoretischer Sicht sowohl die politische Ordnung als auch konstitutionelle Reformen der Legitimation durch die Zustimmung aller Betroffenen bedürfen, und ein solcher Konsens aufgrund von Einstimmigkeit ist mit den bekannten Schwierigkeiten befrachtet. Hier liegt der fundamentale Zwiespalt der Demokratie als gesellschaftliches Regelsystem, welches verhindern muß, daß kollektives Handeln unter den herrschenden Knappheitsbedingungen durch zu große Nähe zum gesellschaftlichen Konsens unbeweglich sowie innovations- und entwicklungsfeindlich wird, und auf der anderen Seite, daß die Kosten von Entwicklung und Innovation nicht immer nur denselben Minderheiten oder gar Mehrheiten aufgebürdet werden.[169]

Die ökonomische Theorie der Verfassung betrachtet die bestehenden Defizite in der Umweltpolitik als Ergebnis einer unvollkommenen Gestaltung institutioneller Rahmenbedingungen und Vorkehrungen auf prozedualer Ebene. Die institutionalisierten Anreize sind nicht derart, daß eigennutzmaximierende Individuen gehalten sind, dem Interesse aller zu dienen, daß also individuelle, auch explizit verstanden als politische und bürokratische, Rationalität in den Dienst einer kollektiven Rationalität gestellt wird. Sie ermöglichen strategische Verhaltensweisen und die Existenz von Handlungsspielräumen, da sie als Verfassungsregeln und somit als Recht höherer Ordnung auf die verschiedensten Politikbereiche anwendbar sein müssen und notwendigerweise keine hinreichenden Operationalisierungsgrade aufweisen können. Es bestehen zwar Restriktionen, aber ebenso Alternativen zur konkreten Politikgestaltung. Konstitutionelle Reformen, die eine vollkommene Beschränkung oder Auflösung von Handlungsspielräumen zum Ziel haben, sind aufgrund zu hoher Kosten und auch keineswegs nur durchweg negativer Aspekte weder realisierbar noch wünschenswert, so daß die Aufgabe verbleibt, ein Optimum zwischen notwendigem Handlungsspielraum und zielorientierter An- und Selbstbindung zu erreichen.

Für eine Korrektur der unzureichenden Anreize und Kontrollen des politischen Systems werden etwa bezüglich der Wirtschafts- und Finanzpolitik die unterschiedlichsten Ansätze diskutiert. So wird beispielsweise eine höhere Transparenz von budgetären Entscheidungsprozessen, eine Einschränkung der

---

[168] Vgl. Cassel, 1988, S. 322.
[169] Vgl. Homann, 1988, S. 63, S. 173.

opportunen Gewährung steuerlicher Sonderregelungen oder die Zweckbindung einzelner Steuern für bestimmte Ausgabenkomponenten gefordert.[170] Demgegenüber steht freilich das geltende Non-Affektations-Prinzip der Finanzwissenschaft, welches besagt, daß prinzipiell öffentliche Einnahmen nicht an einen bestimmten Ausgabenzweck gebunden werden dürfen. Da dieses Prinzip einen entsprechend breiten Handlungsspielraum sicherstellt, ist kaum anzunehmen, daß eine derartige Zweckbindung in absehbarer Zeit durchgesetzt werden könnte.

Für den Umweltbereich sind diese Ansätze nur zum Teil geeignet, wenn zum Beispiel die Aufkommensneutralität von Öko-Steuern über eine Begrenzung des gesamten Steueraufkommens gewährleistet werden soll, und sollten sich, da es vordringlich um die Bereitstellung von Umweltqualität geht, eher auf die Stärkung von Umweltschutzinteressen im Verfahren[171] konzentrieren. Maßgeblich dafür ist ein gesellschaftlicher Grundkonsens, umso mehr, je mehr die Umweltproblematik statt ehemals individueller nun kollektive Regelungen bedingt und verlangt. Verfassungen können sich im Zeitablauf ändern und die Aufnahme neuer Ziele, in diesem Falle Umweltschutzziele, bewirkt dann eine Anpassung von Institutionen. Vor diesem Hintergrund wird über die verfassungsrechtliche Normierung des Umweltschutzes als Grundrecht, welches ein individuell einklagbares Recht auf Existenz in einer menschenwürdigen Umwelt begründet, gestritten.[172] Im Gegensatz zu einer Normierung als Staatsziel, welches eine Aufforderung zum aktiven Handeln des Staates beinhaltet, sind Grundrechte aus rechtswissenschaftlicher Sicht eher Abwehrinstrumente, die die Staatstätigkeit begrenzen und dabei die Entscheidungskompetenz aus dem politischen Prozeß hin zu den Gerichten verlagern. Je nach Verbindlichkeit und Steuerungspotential der grundgesetzlichen Regelung erfahren folglich Umweltbürokratie und Judikative eine entsprechende Aufwertung. In den Parteiprogrammen und Gesetzesentwürfen finden sich die unterschiedlichsten Ansätze und Vorschläge zu diesem Thema. Zudem herrscht Unsicherheit, ob mit der Formulierung einer Handlungsmaxime nicht unerfüllbare Erwartungen bei den Wählern geweckt würden, die dann zu Stimmenverlusten führen. Während bezüglich der Forderung, daß ein Rechtsanspruch auf intakte Natur als Grundrecht Verfassungsrang erhalten sollte, kein Grundkonsens besteht[173], gilt dieser sehr wohl bezüglich der grundsätzlichen Notwendigkeit von

---

170 Vgl. Märtz, 1990, S. 213f.

171 „Ökologische Verfahrensrechte stärken die Ökologie mit den Mitteln der Demokratie. An erster Stelle stehen dabei die verschiedenen Informations- und Akteneinsichtsrechte, durch die die Bürgerinnen und Bürger überhaupt erst in den Stand gesetzt werden, umweltpolitisch tätig sein zu können.“ Guggenberger/Preuß/Ullmann, 1991, S. 67.

172 Vgl. Kurz/Volkert/Helbig, 1996, S. 150.

173 Vgl. Vaubel, 1996, S. 171.

Umweltschutz. Strittig waren und sind Ausmaß und Kostenträgerschaft. Eine Lösung ist vorerst auch mit der mit Zwei-Drittel-Mehrheit durch den Bundestag nach langer Zeit beschlossenen Aufnahme des Umweltschutzes als Staatsziel in das Grundgesetz nicht zu erwarten. Rationalerweise ist die Formulierung aufgrund der zu erwartenden Auswirkungen und auch hinsichtlich der eigenen Ziele der Entscheidungsträger derart vage, daß Raum zu einer interpretationsfähigen Auslegung bleibt.

Die grundlegenden Ansätze der NPÖ boten die Möglichkeit, die Verhaltensweisen der am umweltpolitischen Entscheidungsprozeß zentral beteiligten Akteure, Wähler, Politiker, Bürokraten und Interessengruppen, zu modellieren sowie unter gegebenen und auch im Hinblick auf die Entstehung oder die Änderung von Institutionen zu erklären. Spezifische Anreizsituationen und gegenseitige Abhängigkeiten sind dabei deutlich geworden. Eingebunden in die oben dargestellten Zwänge und Restriktionen kennzeichnen sie schließlich eine aktuelle Umweltpolitik, die weder immer zweckmäßig noch tatsächlich erfolgreich erscheint.
Auch aus diesem Unbehagen heraus entwickelte sich die Diskussion um eine Neukonzeption oder Ergänzung mit Hilfe der Idee einer Politik der Nachhaltigkeit, welche zunächst einmal einen tragfähigen Rahmen für Auseinandersetzungen schaffen und anbieten soll. Wünschenswert und notwendig für eine erfolgreichere Umweltpolitik wäre eine solche Konzeption, die sich der Erkenntnisse der verschiedensten Theorieansätze bedient und das Verhältnis zwischen Umwelt, Wirtschaft und Gesellschaft als Ordnungsproblem thematisiert. Diesem Vorhaben nähert sich der noch keineswegs abschließend diskutierte und formulierte Ansatz einer Politik der Nachhaltigkeit.

5 UMWELTPOLITIK IM WANDEL - NACHHALTIGKEIT ALS RAHMEN EINER ZUKUNFTSFÄHIGEN UMWELTPOLITIK

5.1 Der Begriff Nachhaltigkeit

Seit dem Brundtlandbericht von 1987 und der Konferenz der Vereinten Nationen für Umwelt und Entwicklung (UNCED) in Rio de Janeiro 1992 hat der Begriff der Nachhaltigkeit (Sustainability) oder einer nachhaltigen, dauerhaft-umweltgerechten Entwicklung (Sustainable Development) die öffentliche und politische Diskussion geprägt. Der Umgang mit der Natur soll bestimmten Regeln unterworfen werden, die neben dem Erhalt des ökologischen Systems auch die Wirtschafts- und Gesellschaftsordnung berücksichtigen und langfristig sichern.[174] Ebenso wenig, wie es gestattet ist, aus sozialen oder wirtschaftlichen Motiven die Tragfähigkeitsgrenzen des die Zivilisationssysteme tragenden Netzwerks der Natur[175] zu überschreiten, verbieten sich etwaige, ökologisch vielleicht durchaus wünschenswerte Entwicklungen, wenn ihre ökonomischen oder sozialen Konsequenzen die Stabilität gesellschaftlicher Systeme gefährden. Weiterhin wird nach Wegen gesucht, die es ermöglichen, die Bedürfnisse der Gegenwart zu befriedigen, ohne die Chancen folgender Generationen durch umweltintensives Wachstum und Zerstörung der natürlichen Lebensgrundlagen zu limitieren. Nachhaltigkeit beinhaltet somit auch die explizite Forderung nach intra- und intergenerationeller Gerechtigkeit.[176] Die, keineswegs neue und bereits von Eucken formulierte Idee der wechselseitigen Interdependenz der Teilordnungen einer Gesellschaft, welche für eine ordnungspolitische Gesamtentscheidung unbedingt zu beachten ist[177], wird hier im Grunde um die Wechselwirkungen zwischen Wirtschaft, Sozialsystem und Umwelt erweitert. Eine solche Interpretation von Nachhaltigkeit wird auch als „Drei-Säulen-Modell" bezeichnet, da diese drei Elemente integrativ betrachtet werden sollen. Mit der

---

[174] Die Diskussion um Nachhaltigkeit hat im Zeitverlauf unterschiedliche Gewichtungen erfahren. Anfangs noch stark öko(logie)zentrisch, also allein auf den Erhalt der Natur ausgerichtet, nimmt im Brundtland-Bericht das Ziel der wirtschaftlichen Entwicklung bereits eine gleichwertige Stellung ein.

[175] Vgl. Der Rat von Sachverständigen für Umweltfragen (SRU), 1994, S. 9.

[176] Vgl. Ewers/Hassel, 1996, S. 12.

[177] Vgl. Eucken, 1952/90, S. 250, 289.

Anerkennung dieser Abhängigkeiten wird auch das weiter oben angesprochene Unbehagen über die Aussagefähigkeit von Sozialproduktgrößen als Maßstab gesellschaftlicher Wohlfahrt bestätigt.

Von Interesse ist nun, ob und in welcher Form dieser Begriff, der noch kein Konzept darstellt, politisches Handeln anleiten kann; eine umso schwierigere Frage, je deutlicher wird, wie stark normativ der Begriff sowohl bezüglich einer dauerhaft-umweltgerechten Entwicklung, als auch hinsichtlich der Forderung nach intra- und intergenerationeller Gerechtigkeit geprägt ist.

Um geeignete politische Akteure und die entsprechenden Instrumente zur Um- und Durchsetzung bestimmter Ziele ausfindig machen zu können, muß zunächst hinreichend klar sein, was unter Nachhaltigkeit sowie den normativen Wert- und Zielvorstellungen zu verstehen ist, um diese Vorstellungen dann zu legitimieren. Geschieht dies nicht, bleibt die Idee einer nachhaltig-umweltgerechten Entwicklung eine wirkungslose und beliebige Konstruktion, ähnlich dem Begriff des qualitativen Wachstums, der vor einiger Zeit als Formel die wirtschaftspolitische Reformdebatte bestimmte. Gerade aber über die zugrundeliegenden Wert- und Zielvorstellungen herrscht Unklarheit und ein konsistentes theoretisches Fundament kann bisher nicht ausgemacht werden. Es ist in der Tat die Frage, ob über die regelmäßig geforderten gesellschaftlichen Werturteile wirklich ein entsprechender Konsens besteht. Besonders deutlich wird diese Problematik bei der Forderung nach intra- und intergenerationeller Gerechtigkeit, deren Begründung als intuitiv gesetzte Annahme zumindest strittig ist.[178]

Hier geht es um die alte philosophische Frage, mit welchen Begründungen rational handelnde, eigennutzmaximierende Individuen zur Respektierung der Rechte anderer, womöglich schwächerer oder zukünftiger, angehalten werden können, ohne gewaltsam dazu gezwungen zu werden. Sofern in der Perfektionierung des Sanktionsapparates für eine Gesellschaft, zumal eine individualistische Gesellschaft, keine Alternative gesehen wird, ist es für diese existentiell, für ein Minimum an Verteilungsgerechtigkeit zu sorgen, da sonst von Unterprivilegierten kaum die Einhaltung von befolgbaren, einsichtigen sowie für die Betroffenen sinnvollen Normen verlangt werden kann, und das System schon intragenerationell scheitern muß. Gerechtigkeit[179] ist eben kein, wie von der Neoklassik propagiert, ausschließlich metaökonomischer Wert, der in der ökonomischen Theorie keinen Platz hat und als subjektiv-willkürlich empfunden wird. Er ist mit der gesellschaftlichen Grundstruktur des regelbewußten Individualismus, auf

---

[178] Vgl. Homann, 1996, S. 34f.

[179] Vgl. dazu ausführlicher Hampicke, 1992, S. 49ff.

welchen sich gerade die Neoklassik bezieht, eng verbunden und ein wichtiges Strukturmerkmal der individualistischen Gesellschaft. Ist das erkannt, ist schließlich die Einbeziehung künftiger Generationen, also die Forderung nach intergenerationeller Gerechtigkeit, naheliegend. Für Kavka sind Künftige ganz ähnlich heutigen Fremden anzusehen, denen gegenüber man auch keine affektiven Bindungen besitzt und denen man doch Rechte zubilligt, so daß hier jeder Unterschied willkürlich ist, da es grundsätzlich gleichgültig sein muß, zu welcher Zeit jemand lebt.[180] Die Grundlage der Zivilisation liegt in dieser Anerkennung der Ansprüche heutiger Schwacher und ihrem Äquivalent, der Anerkennung der Ansprüche Künftiger und folgt nach Barry außerdem aus der Erfolglosigkeit jeder Suche nach einem Grund für das Gegenteil.[181]

Es ist allerdings die Frage, ob es hinreichend ist, Nachhaltigkeit ausschließlich als Verteilungsproblem mit der logisch folgenden Forderung nach Umverteilung zu verstehen. Hier soll dem Versagen von Märkten mit wahlweise einem Wertewandel, einer neuen moralisch-ethischen Grundeinstellung oder einem entsprechenden Verzicht zugunsten künftiger Generationen beigekommen werden. In der Folge steht nicht selten die Marktwirtschaft selbst mit ihrer Konzentration auf materielle individuelle Interessen sowie einem politisch-administrativen System, welches zuerst eben diese, respektive eigenen, beachtet, zur Disposition. Dann ist es nur noch ein kleiner Schritt, Interventionen in Wirtschaftsabläufe mit einem normativ gesetzten, nicht-ökonomischen Anspruch zu begründen und sie ökonomischen Vorteilskalkulationen zu entziehen. Um einem solchen Vorhaben, dem vermutlich nicht allzu viel Erfolg beschieden wäre, zuvorzukommen, wird gefordert, den Begriff Nachhaltigkeit für die Entwicklung von Handlungsvorgaben zu operationalisieren, was wiederum voraussetzt, daß eine Definition existiert, und das ist nicht der Fall. Nachhaltigkeit ist ein offener Begriff, der nur vorläufige, bei Veränderung der relativen Knappheiten immer wieder zur Diskussion stehende Zwischenbestimmungen zuläßt[182] und der damit in der Konsequenz von einer strittigen Einschätzung der Funktion solcher Begriffe zeugt, welche Operationalisierung als Bedingung der politischen Wirksamkeit ansieht. Eben weil eine operationale Definition nicht bekannt ist, kann es nur um die Initiierung von Such- und Lernprozessen gehen, mit deren Hilfe man sich dem Ziel einer nachhaltigen Entwicklung nähern kann, ohne

---

[180] Vgl. Kavka, 1978, S. 187.

[181] „The basic argument for an equal claim on natural resources is that none of the usual justifications for an unequal claim ... applies here ... I must confess that I can see no further positive argument to be made at this point." Barry, 1983, S. 20f.

[182] Vgl. Homann, 1996, S. 37f.

solche Begriffe unmittelbar in Handlungsprogramme umsetzen zu wollen.[183] Vor diesem Hintergrund mag es sinnvoller und auch erfolgversprechender sein, sich auf Verfahren zu konzentrieren, welche zunächst die Abwesenheit und Überwindung von Nicht-Nachhaltigkeit gewährleisten können.

Die Bedeutung von metaökonomischen Vorstellungen wie Werturteilen, altruistischen oder moralisch-ethischen Überlegungen soll hier keineswegs geleugnet werden, aber gerade in der Nachhaltigkeitsdebatte erscheint es hilfreicher, deren Normativität auch in einen ökonomischen Argumentationsrahmen zu übersetzen, also, verkürzt ausgedrückt, auf die Vorteilhaftigkeit von Nachhaltigkeit für alle Betroffenen zu befragen.[184] Immer vorausgesetzt, daß die Bildung von Nachhaltigkeitszielen das, vorläufige, Ergebnis einer gesellschaftlichen Auseinandersetzung ist, sind diese tatsächlich nur mehrheitsfähig, wenn sie von der Bevölkerungsmehrheit als wirtschafts- und sozialverträglich eingeschätzt werden. Auch die Durchsetzungsfähigkeit von Werten hängt davon ab, in welchem Maße mit ihnen Kooperationsgewinne verwirklicht werden können und wie die entsprechenden Anreize konzipiert sind. Der oft geforderte Wertewandel ist dann eventuell Folge solcher Handlungsanreize, nicht aber deren Ursache. Der ökonomische Argumentationsrahmen trägt der Einsicht Rechnung, daß es kaum möglich ist, vorab verbindliche Normen nachträglich mit Hilfe entsprechender Instrumente und Akteure und gegen die Interessen der Betroffenen durchzusetzen. Von einer solchen, normativ vermutlich gut begründbaren Politik sei die Prognose gewagt, daß sie in einer Gesellschaft, die ihre Produktivität aus Interaktionen mit den sich daraus ergebenden Kooperationsgewinnen entnimmt, nur wirkungslos bleiben kann.[185] Der Rat von Sachverständigen für Umweltfragen (SRU) bemerkt denn auch in seinem Umweltgutachten, daß die normativen Implikationen der im ökologischen Diskurs erhobenen Forderungen zu benennen sowie in den politisch-gesellschaftlichen Entscheidungsprozeß zurückzuholen sind.[186]

---

[183] „Zur Orientierung der Politik bedarf es keines Designs einer nachhaltig zukunftsfähigen Entwicklung, keines Entwurfs von Lösungen und keiner Botschaft über neue Lebensstile. Vielmehr kommt es darauf an, politisch die Bedingungen dafür zu schaffen, daß in Wirtschaft und Gesellschaft ein Wettbewerb um die Entdeckung zukunftsfähiger Lösungen möglich wird. Notwendig sind gesellschaftlich-ökonomische Suchprozesse statt kontraproduktiver Rezepte und Verheißungen." Maier-Rigaud, 1994, S. 99.

[184] Vgl. z.B. auch Becker, 1976/82, der für ähnlich normative Begriffe ebenfalls den ökonomischen Ansatz wählt.

[185] Vgl. Homann, 1996, S. 45.

[186] Vgl. SRU, 1994, S. 75.

Wie schwierig es ist, mit dem wenig operationalen Begriff der Nachhaltigkeit ein gesellschaftliches Abwägungskonzept zwischen ökologischen, ökonomischen und sozialen Zielsetzungen zu formulieren, zeigen die existierenden, doch recht unterschiedlichen umweltökonomischen Ansätze. Ihre Umsetzung erfolgt über die jeweils favorisierten umweltpolitischen Instrumente.

Neben der neoklassischen Umweltökonomik, ist das Konzept der evolutorischen Umweltökonomik und das der „Ecological Economics“ oder Ökologischen Ökonomie zu nennen. Entstanden sind sie auch als Antwort auf die Kritik an der neoklassischen Theorie im Hinblick auf die Anforderungen für ein nachhaltiges Wirtschaften. Bei der Ökologischen Ökonomie geht es ihrem Namen entsprechend um eine ökologisch orientierte Ökonomie, welche der Komplexität des sie tragenden Ökosystems gerecht wird und dessen Funktionsfähigkeit nicht zerstört.[187] Dazu gehört, daß ökologische Prinzipien im Konfliktfall den ökonomischen Prinzipien voranzustellen sind und ein ‘vernünftiger technologischer Skeptizismus’ die grundlegende Einstellung determiniert. Theoretische Ergebnisse der Nachbarwissenschaften, respektive der Ökologie und der Thermodynamik, werden in die Untersuchungen einbezogen. Ihrer öko(logie)zentrischen Perspektive gemäß wird ein, allerdings immer nur vorläufiger, „ökologischer Rahmen“ für die Wirtschaft in Form von unverhandelbaren Schranken bei der Nutzung der natürlichen Umwelt gefordert, und in der Folge werden konsequenterweise das Ordnungsrecht mit Ge- und Verboten sowie handelbare Umweltzertifikate als umweltpolitische Maßnahmen präferiert. Darüber hinaus geht es um die Entwicklung von weiteren innovativen Instrumenten, die bisher noch wenig diskutiert werden. Exemplarisch hierfür ist die Konzeption der Umweltkautionen, deren Erhebung eine Handhabe bei ökologischer Unsicherheit gestatten soll.[188] Vertreter der Ökologischen Ökonomie stehen der Regelungsfähigkeit von Märkten und individuellen Entscheidungen als Regelinstanz kritisch gegenüber und postulieren die regulative Kraft normativer Vorgaben, wie zum Beispiel intra- und intergenerationelle Gerechtigkeit.[189] Da es sich um eine relativ junge Konzeption handelt, ist die Ökologische Ökonomie eine heterogene Bewegung mit nicht immer problemlos miteinander zu vereinbarenden Ansätzen; eine Konzeption, die „...transdisciplinary, pluralistic, integrative, and more focused on problems than on tools“[190] ist. Eine derartige Ausrichtung und Gewichtung ist nicht unumstritten.[191]

---

[187] Vgl. Pearce/Turner, 1990, S. 43ff.

[188] Vgl. dazu ausführlicher Wätzold, 1998, S. 194ff.

[189] Vgl. Beckenbach, 1994, S. 163.

[190] Costanza/Daly/Bartholomew, 1991, S. 7.

Demgegenüber stellen die Anhänger einer evolutorischen Umweltökonomik die Innovations- und Evolutionsfähigkeit des marktwirtschaftlichen Systems und die Bedeutung von individuellen Handlungsspielräumen in den Mittelpunkt ihrer Überlegungen.[192] Die geforderten unverhandelbaren ökologischen Schranken der Ökologischen Ökonomie werden gerade im Hinblick auf diese für Suchprozesse bei bestimmten Problemen als notwendig erachteten Handlungsspielräume eher negativ bewertet und können sich sogar kontraproduktiv auswirken. Um in die Entwicklungsdynamik einer Marktwirtschaft nicht über die Maßen zu intervenieren, sollen lediglich Anstöße hinsichtlich erwünschter Entwicklungspfade gegeben werden, und das geschieht am erfolgversprechendsten über Steuerungsformen wie Moral Suasion, freiwilligen Selbstverpflichtungen oder Konsensgesprächen. Derartige politische Abstimmungsverfahren außerhalb des Marktes können problematisch sein, weil die wirtschaftliche Koordination nicht über die Preise erfolgt, stellen aber auf der anderen Seite auch keine hoheitlichen Interventionen in das marktwirtschaftliche System dar, welche dessen Evolutionsfähigkeit beeinflussen würde. Im Gegensatz zur Neoklassik, die durch eine eher mechanistische Vorstellung von Marktprozessen gekennzeichnet ist und sich vor allem auf die Existenz und Eindeutigkeit von Gleichgewichtszuständen konzentriert, entstand mit der evolutorischen Umweltökonomie ein Feld der ökonomischen Forschung, das Wirtschaften zuerst als Entwicklung versteht und demzufolge den zeitlichen Charakter herausstellt. Von Interesse ist weniger die Existenz und Stabilität von Ordnungszuständen, sondern deren Veränderung. Dieses Interesse an Neuerungs- und Veränderungsprozessen ist das verbindende Element in einem ansonsten ähnlich der Ökologischen Ökonomie heterogenen Forschungsfeld, welches aber durch eine stärkere ökonomische Ausprägung gekennzeichnet ist. Eine Verknüpfung der Ideen der unterschiedlichen Forschungsrichtungen könnte durchaus Defizite ausgleichen und das jeweilige Potential besser nutzbar machen.

Offensichtlich bestimmt also die Wahl des wissenschaftlichen Paradigmas, in diesem Falle die neoklassische, evolutorische oder Ökologische Ökonomik, die Eignung der umweltpolitischen Instrumente und deren Einsatz. Allerdings werden diese Konzeptionen dem ursprünglichen Anspruch nur bedingt gerecht, da sie auf Referenzsystemen beruhen, die sich entweder auf einige ökologische oder auf einige ökonomische Aspekte beschränken, deren Interdependenzen oder soziale

---

[191] „Das Argument, entscheidend sei letztlich die richtige Orientierung und weniger die exakte theoretische Begründung, ist für einen ernsthaften wissenschaftlichen Diskurs wenig geeignet." Pasche, 1994, S. 102.

[192] Vgl. z.B. Pasche, 1994 oder Erdmann, 1993.

Konsequenzen dagegen weniger berücksichtigen. Auch ist nicht anzunehmen, daß die den einzelnen Ansätzen zugrundeliegenden Prämissen und die sich anschließenden Folgerungen allseitig geteilt werden. Eine Herleitung und Legitimation der Politik anhand der umweltökonomischen Konzeptionen läßt eine Abwägung zwischen ökologischen, ökonomischen und sozialen Zielsetzungen also kaum zu.

Die Schwierigkeiten mit dem Begriff der Nachhaltigkeit, von der Verwendung von Normativität bis zu einer fehlenden operationalen Definition, entlassen die Politik indes nicht aus der Verantwortung. Eine Politik der Nachhaltigkeit muß insbesondere im Falle von Irreversibilitäten zugleich eine präventive Umweltpolitik sein, welche bewußt die Gestaltung von Regeln übernimmt, die die Art und Weise sowie die Eingriffsintensität des Menschen in seine natürliche Umwelt ordnen und gegebenenfalls reduzieren. Das Verhältnis von Umwelt, Wirtschaft und Gesellschaft ist folglich ein Ordnungsproblem mit der grundsätzlichen Schwierigkeit, durch Interventionen die Stabilität komplexer, auf dezentraler Selbststeuerung basierender Systeme zu gefährden. Das trifft gleichermaßen auf das ökologische System wie für die marktwirtschaftliche Ordnung zu. Die entsprechenden Zielkonflikte spiegeln sich auch in den dargestellten umweltökonomischen Nachhaltigkeitskonzeptionen wider. Es wird daher zu klären sein, ob und in welcher Form eine funktionierende marktwirtschaftliche Ordnung mit dem Ziel der Nachhaltigkeit kollidiert oder umgehen kann. Allerdings ist zu beachten, daß bereits die, modellhafte, Untergliederung der gesellschaftlichen Gesamtordnung in eine ökologische, eine ökonomische sowie eine soziale Teilordnung darauf hinweist, daß die Frage der Vereinbarkeit von Umweltpolitik und Marktwirtschaft nicht das einzige Referenzsystem sein kann[193] und dem Anspruch der Nachhaltigkeit zudem nicht gerecht würde. Von entscheidender Bedeutung ist daher auch der Primat der Bürgersouveränität.

5.2 Nachhaltigkeit als Ordnungsproblem

5.2.1 Nachhaltigkeit und marktwirtschaftliche Ordnung

Der eigenständige Rang ökologischer Zieldefinitionen in der umweltökonomischen Diskussion ist heute durchaus anerkannt und stützt damit die Einsicht, daß

---

[193] Vgl. Gerken/Renner, 1996, S. 71f.

der ursprüngliche ordnungspolitische Gedanke einer endogenen Zielbildung hier nicht uneingeschränkt als Steuerungsnorm fungieren kann. Wenn aber Umweltpolitik zunächst als politische Außensteuerung von Marktprozessen verstanden wird, besteht immer die Gefahr eines ökologischen Interventionsstaates mit einer entsprechenden Überregulierung, welche wiederum eine Marktökonomie nur in Grenzen verarbeiten könnte. Es ist allerdings wenig sinnvoll, Interventionen unter stetem Verweis auf diese Gefahr grundsätzlich abzulehnen, zumal es staatliche Beschränkungen des Marktes zu jeder Zeit und in den unterschiedlichsten Formen gegeben hat. Es geht an dieser Stelle vielmehr um eine Art ökonomisches Limit für Interventionsabsichten, um eine umweltpolitische Korrektur von Marktprozessen ohne ihre Entwicklungsdynamik zu gefährden oder eine Interventionsspirale zu riskieren und letztendlich um die Definition von Handlungsspielräumen.

Wenn unterstellt wird, daß eine grundsätzliche gesellschaftlich gewollte Einhaltung ökologischer Begrenzungen vorliegt, ist zu fragen, ob der daraus resultierende Anpassungsdruck derart zu bewältigen ist, daß eine freiheitlich-marktwirtschaftliche Ordnung erhalten bleibt. Es ist unmittelbar einsichtig, daß ein solches Vorhaben nicht gelingen kann, wenn Interventionen gegen die Mechanismen eines solchen selbststeuerungsfähigen Systems implementiert werden und gleichzeitig aber diese Selbststeuerungsfähigkeit aufrecht erhalten werden soll. Politische Außensteuerung kann nur beabsichtigen, das System in eine auch intern, also systemimmanente, grundsätzlich mögliche Entwicklungsrichtung zu beeinflussen.[194] In der logischen Konsequenz sind damit insgesamt nur solche umweltpolitischen Maßnahmen als ordnungskonform zu beurteilen, die die marktwirtschaftliche Ordnung nicht beeinträchtigen; ein Ergebnis, das in der Nachhaltigkeitsdebatte auf Widerspruch trifft.

Eine dauerhaft-umweltgerechte Entwicklung verlangt eine lange Zeitperspektive und die Berücksichtigung künftiger Generationen. Das ist gerade im Hinblick auf einen der wichtigsten Aspekte der Marktwirtschaft, ein funktionsfähiges Preissystem, nicht unproblematisch, da die entsprechenden Märkte noch nicht existieren. Auch ohne eine solche Zeitperspektive ist bereits darauf hingewiesen worden, daß der Preismechanismus mit einigen Schwierigkeiten behaftet ist, die entstehen, wenn der Ressourcenverbrauch nicht internalisierte Externalitäten erzeugt. Die Forderung, die Entscheidung über eine langfristige Ressourcenallokation folglich nicht dem Markt zu überlassen, ist also durchaus nachzuvoll-

---

[194] In der jüngeren systemtheoretischen Literatur wird dieser Gedanke auch unter dem Stichwort „Kontextsteuerung“ diskutiert und findet sich z.B. bei Wilke, 1987.

ziehen,[195] wenn auch nicht unumstritten. Dem entgegengehalten wird, daß die bereits im Marktpreis enthaltenen Spekulationen über die Nachfrage und Präferenzen zukünftiger Generationen für eine effizientere intertemporale Allokation knapper Ressourcen sorgen können, und die Schwierigkeiten und Unsicherheiten zur Erhebung solcher Prognosen in einem zumindest gleichen Maße auf eine staatliche Ressourcenpolitik zutreffen.[196] In jedem Falle ist der Preismechanismus nicht überflüssig und kann und wird auch zur Anpassung des tatsächlichen an das nachhaltige Nutzungsniveau eingesetzt, etwa in Form des umweltpolitischen Instrumentes der Abgabe, dies allerdings mit den bekannten Schwierigkeiten.

Ein weiteres Problem im Spannungsfeld von nachhaltiger Entwicklung und marktwirtschaftlicher Ordnung wird oft im Bereich der Konsumenten- und unternehmerischen Wahlfreiheit gesehen. Auch hier gilt, daß der Markt in beiden Fällen immer Einschränkungen hinnehmen mußte, beispielsweise dann, wenn bestimmte Formen dieser Freiheiten sich gegen die Grundlagen eben dieser marktwirtschaftlichen Ordnung selbst wenden. Und auch hier stellt sich die Frage, ob es wohl neuer Dimensionen von Einschränkungen bedarf, um gesellschaftlich formulierten Nachhaltigkeitszielen gerecht zu werden. Im Falle der Wahlfreiheit von Konsumenten geht es um eine direkte oder indirekte Einflußnahme auf ihre Bedürfnisse, welche keineswegs autonom sind und immer auch einen gesellschaftlichen Lernprozeß reflektieren.[197] So schlägt etwa der Rat von Sachverständigen für Umweltfragen selektive Werbeverbote, wie sie in den USA bereits praktiziert werden, vor.[198] Einschränkungen sollten gleichwohl minimiert werden und deshalb erscheint es am sinnvollsten, milderen Formen staatlicher Einflußnahme, wie eine entsprechende Bildungspolitik oder Informations- und Aufklärungskampagnen, den Vorrang zu geben. Außerdem deutet sich durch derartige Maßnahmen zumindest die Möglichkeit eines Auswegs aus der sogenannten Wohlstandsfalle an, welche tatsächliche Wohlstandssteigerung nicht mehr ausschließlich über die Steigerung von Einkommen und Güterversorgung definieren kann und deren Referenzpunkt, die Sozialproduktgrößen als gesellschaftlicher Wohlstandsmaßstab, der Kritik unterliegt.

---

[195] Vgl. Kurz/Volkert/Helbig, 1996, S. 120.

[196] Vgl. Vaubel, 1996, S. 168.

[197] „Die Dynamik liberaler Gesellschaften dürfte zu einem nicht geringen Teil darauf zurückzuführen sein, daß sich in ihnen neue Bedürfnisse leicht und rasch bilden und weiterentwickeln." Kirsch, 1990, S. 312, wobei hier einschränkend zu sagen ist, daß das zumeist nur für Bedürfnisse, die über den Markt erlernt werden können, gilt.

[198] Vgl. SRU, 1994, S. 57.

Eine Politik der Nachhaltigkeit impliziert Strukturwandel und betrifft unmittelbar die unternehmerische Dispositionsfreiheit. Auch hier geht es um ein Freiheitsmaß, das Innovation möglich und rentabel macht und ihr dennoch bestimmte Schwerpunkte setzen kann. Nutzungsverbote bei eindeutigen Angriffen auf die ökologischen Grundlagen sind dabei ebenso ein Thema wie Nutzungsverteuerungen, die die Entwicklung von Substituten fördern sollen. Bereits bestehende Regelungen der Risikobewertung von Technikfolgeabschätzungen bis Umweltverträglichkeitsprüfungen weisen gleichfalls auf eine entsprechende Schwerpunktsetzung hin. Staatliche Strukturpolitik mit der damit verbundenen Subventionsproblematik sollte aber, obschon nicht völlig verzichtbar, in dem Maße zurücktreten, in dem eine Korrektur des Preismechanismus gelingt, welcher bestimmte Nutzungen dann verteuert, um andere rentabel zu machen.[199] Auch das in der Bundesrepublik zentrale Instrument des Ordnungsrechts ist im Hinblick auf gravierende Eingriffe in den Wettbewerbsprozeß auf neue Schwerpunkte und eine flexiblere Gestaltung zu befragen. Staatliche Maßnahmen müssen zudem nicht automatisch und grundsätzlich als Zwang zur Einschränkung unternehmerischer Handlungsfreiheit konzipiert sein, sondern sollten Anstöße zu deren Veränderung geben. Diese sind im übrigen keineswegs nur von staatlicher Seite zu erwarten. Zunehmender öffentlicher Druck bewirkt ähnliches und das um so mehr, je mehr Verantwortung und Rechenschaft, etwa in Form von Umweltberichten, von den Unternehmen gefordert werden. Sie sind also längst nicht mehr ausschließlich reine Produktionsstätten, sondern ebenso Akteure bei den Verhandlungen und der Formulierung von veränderlichen Rahmenbedingungen, und als solche verantwortlich.

In einer freiheitlich-marktwirtschaftlichen Ordnung ist freilich auch die Institution des Privateigentums elementar wichtig, und es ist die Frage, inwieweit es möglich ist, Eigentumsrechte für Nachhaltigkeitsziele zu nutzen. Es besteht die Möglichkeit, Umweltprobleme durch eine entsprechende Zuteilung von Eigentumsrechten in Verhandlungen zwischen Privaten zu lösen. Die Diskussion um das Coase-Theorem setzte sich bereits mit diesen Fragen auseinander und hat schließlich deutlich gemacht, daß ein Gelingen in der Praxis nur unter recht restriktiven Bedingungen möglich ist, welche zudem in der Folge eine zwar effiziente, aber nicht notwendigerweise auch eine dem gesellschaftlichen Nachhaltigkeitsziel verpflichtete Lösung zulassen. Das umweltpolitische Instrument der Zertifikate knüpft an die Idee einer Nutzung von Eigentumsrechten an, mit dem Unterschied, daß das Eigentum an Umweltressourcen tatsächlich beim Staat verbleibt und somit, neben den oben besprochenen zusätzlichen Schwierigkeiten, einer angestrebten staatsfreien Lösung kaum entspricht. Dem

[199] Vgl. Kurz/Volkert/Helbig, 1996, S. 126f.

Optimismus einiger Autoren, daß hier für den verfolgten Zweck auch zeitlich befristete Verfügungsrechte genügen und zukünftig unter Umständen ohnehin mit einem Bedeutungsverlust des Privateigentums zu rechnen sein könnte[200], ist mit Vorbehalt zu begegnen, da Investitions- und Innovationsbereitschaften bisher immer noch ganz entscheidend davon abhängen, ob Eigentum vorliegt.

Um vorsorgende Umweltschutzmöglichkeiten stärker in das Ermessen Privater zu stellen, wird zudem in der umweltökonomischen Literatur seit einiger Zeit das Potential des Haftungsrechts diskutiert.[201] Der Grundgedanke besteht darin, die Wirtschaftssubjekte über eine Haftungsandrohung zu veranlassen, ein aus gesamtwirtschaftlicher Sicht optimales Vorsorgeniveau einzuhalten. Das Prinzip der Verschuldens- und Gefährdungshaftung, Haftpflichtversicherungen und die nicht unumstrittene Forderung einer Beweislastumkehr sind Stichworte in dieser Diskussion, die sinnvolle Anstöße geben und Verantwortungen aufzeigen kann. Der Lösungskompetenz des Haftungsprinzips sind allerdings Grenzen gesetzt, respektive dann, wenn eine entsprechende Anwendung Innovationsaktivitäten über die Maßen beeinträchtigt oder beispielsweise Langzeitschäden nicht zugeordnet und kompensiert werden können. Die Ursachen für ein Auseinanderfallen von erwartetem Schaden und erwarteter Kompensation können außerdem in der Höhe der Haftungsbegrenzungen, Monetarisierungsproblemen und Beweislastschwierigkeiten begründet liegen.[202] Für das in der Nachhaltigkeitsdebatte so zentrale Problem der intergenerationellen Verteilungsgerechtigkeit ist das Haftungsprinzip außerdem eher unbedeutend, da die heutige Generation für eine etwaige spätere Einlösung von Haftungsverpflichtungen dann nicht mehr zur Verfügung steht.

Rahmenbedingungen und Prinzipien einer freiheitlich-marktwirtschaftlichen Ordnung sind also gerade auch im Hinblick auf eine nachhaltige Entwicklung großen Veränderungen und Herausforderungen ausgesetzt. Diese müssen bewältigt werden, ohne dabei die Konstanz des Ordnungsrahmens, welche Unsicherheiten reduziert und folglich ebenso wichtig ist wie Flexibilität, grundsätzlich zu riskieren. Um das zu vermeiden, ist unbedingt zu beachten, daß die Durchsetzung notwendiger Veränderungen und Ziele bestimmten Kriterien wie einer generellen Transparenz der Vorgänge, ihrer Berechenbarkeit und Glaubwürdigkeit genügen muß. Auch ein Wandel muß, eben weil Innovationsaktivitäten zu stärken sind, abschätzbar und berechenbar bleiben.

---

[200] Vgl. ebenda, S. 130f.
[201] Vgl. z.B. Panther, 1992.
[202] Vgl. Schwarze, 1996, S. 100ff.

Umweltpolitik und nachhaltige Entwicklung bergen genug Herausforderungen für eine Weiterentwicklung ordnungstheoretischen Denkens und bieten keineswegs Anlaß für dessen Verabschiedung, ebensowenig, wie zukünftige Veränderungen sowie ihre Umsetzung nicht zwingend eine Bedrohung für eine freiheitlich-marktwirtschaftliche Ordnung darstellen, sondern ganz im Gegenteil erst unter Nutzung ihrer Innovationsdynamiken vorstellbar sind. Die ordnungspolitische Bewertung der Konformität von Nachhaltigkeit mit dem Referenzsystem der marktwirtschaftlichen Ordnung kann hier wichtige Informationen bezüglich etwaiger Zielkonflikte zwischen ökologischen und ökonomischen Zielsetzungen liefern, bewegt sich aber doch von vornherein in einem begrenzten Analyseraum. Ganz ähnlich den umweltökonomischen Konzeptionen wird hier dem Vorhaben einer integrativen Betrachtung und Gewichtung von ökologischen, ökonomischen und sozialen Zielen eher unzulänglich entsprochen. Für die Prüfung der Kompatibilität einer politischen Maßnahme mit der gesellschaftlichen Gesamtordnung ist der ordnungsökonomische Referenzmaßstab folglich nicht hinreichend.

5.2.2 Der Primat der Bürgersouveränität

Es ist in der Tat eine ganz andere Frage, wie der mit der ökonomischen Ordnung verfolgte Zweck, die entsprechenden Knappheiten zu verringern, im Verhältnis zu anderen Zwecken zu gewichten ist. So hat bei einer öko(logie)zentrischen Perspektive der Zweck der ökologischen Ordnung, die Umwelt zu erhalten, eine andere Priorität als bei einer Position, die mit dem gleichen Recht die Festlegung eines Primats ökonomischer Zielsetzungen fordert. Wie gezeigt werden konnte, gibt es keine unumstrittenen, objektiven und externen Kriterien zur Bewertung einer „richtigen" Nachhaltigkeitspolitik und so verbleibt für eine solche nach demokratischem Politikverständnis als Legitimationsgrundlage nur die Zustimmung der Bürger. Dieses Kriterium der Präferenzen- oder Bürgersouveränität, welches einer freiheitlichen Gesellschaftsordnung zugrundegelegt wird, ist dabei entsprechend des jeweiligen Informationsstandes sowie der Einschätzungen bezüglich eines bestimmten Problemdrucks höchst variabel und unterliegt damit einer grundsätzlichen Kritik, die auch nach dem Verweis auf die Erfolglosigkeit einer dauerhaft gegen die Präferenzen der Bürger ausgerichteten Politik[203] nicht gänzlich verstummen will.

---

[203] „Alle politisch-strukturellen Maßnahmen bleiben auf Dauer wirkungslos, wenn sie nicht auf die subjektive Bereitschaft der Menschen zur Umsetzung und Mitgestaltung der darin gesetzten Ziele treffen." SRU, 1994, S. 156.

Auch in der Nachhaltigkeitsdebatte bleibt der Mensch Ausgangs- und Referenzpunkt der wissenschaftlichen Erkenntnis, und es ist zu fragen, wie möglich oder unmöglich eine nachhaltige Entwicklung unter seinen Präferenzen überhaupt ist. Zudem wird in der Literatur seine Souveränität bisweilen als bloße Fiktion bewertet, und der angeblich mündige Bürger als desorientiert und Gefangener irrationaler vorgefaßter Meinungen entlarvt.[204] Auch müsse man davon ausgehen, daß zu den meisten Themen und zu den meisten Zeitpunkten überhaupt kein „Volkswille" vorliegt.[205] Eine solche Haltung ist freilich so neu nicht und mitunter verständlich, weist sie doch auf ein zentrales Problem in der Diskussion um Präferenzen- oder auch Bürgersouveränität hin. Betroffen ist die Bildung und Identifikation der Interessen der Bürger sowie ihre Umsetzung über das politisch-administrative System. So können die bereits an anderer Stelle erwähnten sozialen Gefangenendilemma-Konstellationen dazu führen, daß tatsächliche Präferenzen auf der individuellen Handlungsebene nicht oder nur teilweise bis fehlerhaft umgesetzt werden. Diesen in der Folge kollektiv irrationalen Präferenzenhierarchien wird mit einer Selbstbindung in Form von entsprechenden Ordnungsregeln begegnet und solche kontrakttheoretischen Lösungen sind dann Gegenstand der Ökonomischen Theorie der Verfassung (Constitutional Economics). Derartige Dilemmasituationen belegen damit auch die Notwendigkeit von Ordnungspolitik.[206]

Ein weiteres Problem liegt in dem naturgemäßen Unvermögen der Menschen, alle relevanten Umstände für eine genaue Kenntnis aller Wirkungen einer politischen Maßnahme zu erfassen. Zurückkehrend zur Frage der Interdependenz und Kompatibilität der gesellschaftlichen Teilordnungen, ist zu konstatieren, daß die konkrete Ausgestaltung einer zukünftigen Ordnung, die diese angemessen berücksichtigt, bislang umstritten ist und sich folglich auch in den individuellen Präferenzen widersprüchliche Vorstellungen über eine solche Ordnung finden, die dann wiederum zu einer Nachfrage nach Politikoptionen führen, die ebenfalls in sich inkonsistent sind. Immerhin wird die Bildung von Präferenzen durch einen solchen freien Wettbewerb der Meinungen, durch ordnungsökonomische Aufklärung über Systemzusammenhänge oder durch politische Bildungsarbeit erst möglich, da eine solche keineswegs autonom erfolgt, sondern auf, auch unterschiedlichste, Informationen angewiesen ist. Damit einher geht die Frage, inwieweit Präferenzenbeeinflussung noch durch einen entsprechenden Bildungsauftrag legitimiert ist, und wann ein etwaiger sogenannter Präferenzenimperialismus beginnt. Dahrendorf bemerkte bezüglich der Bedeutung der

[204] Vgl. z.B. Zolo, 1997.
[205] Vgl. Offe, 1992, S. 128f.
[206] Vgl. Gerken/Renner, 1996, S. 76f.

politischen Bildung für Bestand und Ausprägung der Demokratie, sie diene sowohl der Information im Hinblick auf die Vermittlung von Kenntnissen über Institutionen, Organisationen und Prozessen, als auch der Persuasion, die wiederum der inneren Teilnahme, respektive der Zustimmung zum „Geist der Gesetze" diene, also etwas damit zu tun hätte, was man in Deutschland gerne Legitimität nenne.[207] Hier sei auch an das Paradigma des methodologischen Individualismus erinnert, bei welchem die Frage nach der Autonomie von Präferenzen ebenfalls eine Rolle spielt. Es bleibt abzuwarten, ob sich die Präferenzen der Menschen schließlich derart entwickeln, daß diese ihre eigenen Lebensgrundlagen nicht zerstören; eine Alternative zur ihrer letztendlichen Dominanz gegenüber jeder Politik gibt es indes kaum. Vertreter anthropozentrischer wie öko(logie)zentrischer Leitbilder diskutieren auf einer normativ-ideologischen Ebene mit Forderungen nach einer Ordnung, ohne zu fragen, ob diese von den Menschen gewollt wird. Gerade weil kein Wissen über die objektiven ökologischen, ökonomischen und sozialen Wirkungszusammenhänge und die entsprechenden objektiv richtigen Vorgaben besteht, kann es für die Frage nach der „richtigen" Gewichtung von Zielen und der „richtigen" Legitimationsgrundlage nur das interne Kriterium der Bürger- und seiner Präferenzensouveränität geben.

In demokratischen Gesellschaftssystemen hat nun der politische Wettbewerb die Aufgabe, Präferenzen zu identifizieren und sie in politische Maßnahmen umzusetzen. Die Bedingungen legitimer Herrschaft liegen in solchen Systemen auch und vor allem in Regeln kommunikativer Verständigung und ihrer Ergänzung durch institutionelle Vorkehrungen, welche den Ergebnissen dieser Verständigungen Geltung verschaffen.[208] Eine freiheitlich-marktwirtschaftliche Ordnung und der Primat der Bürgersouveränität stehen einer Politik der Nachhaltigkeit dabei durchaus nicht grundsätzlich entgegen. Nachhaltigkeit als Ordnungsproblem zu begreifen und auf seine Kompatibilität mit den genannten Aspekten zu untersuchen, ist freilich nur ein Bereich in der Nachhaltigkeitsdiskussion. Auffallend in der Debatte um eine nachhaltige Entwicklung ist die vorwiegende Konzentration auf Fragen nach den Indikatoren, mit welchen Nachhaltigkeit gemessen werden kann, welche Belastungsgrenzen maßgeblich sind und welche ökologischen, sozialen und ökonomischen Verträglichkeiten berücksichtigt werden müssen. Dabei werden dann entsprechend der Wissenschaftsdisziplin und des Standpunktes unterschiedliche Konzepte vertreten, die Nachhaltigkeit eher aus ökologischer, aus sozialer oder aus ökonomischer Sicht definieren. Ebenso wichtig aber und bei dieser Diskussion

[207] Vgl. Dahrendorf, 1990, S. 130f.
[208] Vgl. Evers, 1991, S. 3.

meist ausgeblendet ist die Frage, wer Zielwerte festlegt, eine Abwägung zwischen konkurrierenden Zielen vornimmt und durch wen die Entwicklung beeinflußt und gelenkt wird. Wenn unterstellt wird, daß die gesellschaftliche und ökonomische Entwicklung in Richtung Nachhaltigkeit gesteuert werden kann, verdient diese Frage eine nähere Betrachtung. Ein gutes Beispiel für den Problembereich einer angemessenen Teilhabe bei der Formulierung und der Auseinandersetzung von und mit Nachhaltigkeitszielen ist das Konzept der sogenannten Agenda 21.

5.3 Nachhaltigkeit durch Partizipation

Eines der wichtigsten Ergebnisse der Konferenz der Vereinten Nationen für Umwelt und Entwicklung in Rio de Janeiro 1992 (UNCED) war die Verabschiedung der Agenda 21, die in mehreren Kapiteln die Politikfelder anspricht, die für eine dauerhaft-umweltgerechte Entwicklung in den nächsten Jahren relevant sind. Die Zahl im Namen versinnbildlicht das nächste Jahrhundert mit seinen Herausforderungen, die von der Ebene der internationalen Politik über die nationalen Regierungen bis hin zu den Kommunen gemeinsam angegangen und bewältigt werden sollen. So werden beispielsweise in Kapitel 28 dieses Dokumentes Initiativen von Kommunen zur Unterstützung der Agenda 21 eingefordert. Bis Ende 1996 sollte die Mehrzahl der Städte und Gemeinden eine eigene lokale Agenda 21 aufgestellt haben und damit dem Ziel einer engeren kommunalen Zusammenarbeit sowie eines intensiven Informationsaustausches im Hinblick auf eine dauerhaft-umweltgerechte Entwicklung nähergekommen sein. Bei der Vorgabe, aus der Agenda 21 eine lokale Agenda 21 zu entwickeln, wird explizit Wert auf die Erzielung eines Konsenses der einzelnen Länder und Kommunen mit ihren Bürgern gelegt[209] und dabei dem Grundsatz 10 der Erklärung von Rio zu Umwelt und Entwicklung (Rio-Deklaration) entsprochen, wonach Umweltfragen am besten unter Beteiligung aller betroffenen Bürger auf der jeweiligen Ebene behandelt werden.[210] Vor diesem Hintergrund geht es um die Entwicklung eines neuen, integrierten Konzeptes von Raum- und Stadtplanung, bei dem die Kommunen und ihre Bewohner in zahlreichen Bereichen Handlungskompetenz durch Beteiligungs- und Mitentscheidungsmöglichkeiten gewinnen und zurückgewinnen müssen. Der Aufbau einer kommunalen Umweltberichterstattung, die entsprechende Organisation der städtischen Verwaltung, der bewußte Einsatz kommunaler Wirtschaftsförderung, die Analyse

---

[209] Vgl. Deutsches Institut für Urbanistik, 1995, S. 95ff.
[210] Vgl. Bundesminister für Umwelt, Naturschutz und Reaktorsicherheit, 1992, S. 46.

und Beeinflussung der Flächennutzung und die Anwendung von Umweltmanagement- und Auditverfahren sind dabei wesentliche Handlungsfelder.[211] Dahinter steht die Auffassung, daß neben bestimmten Problemen, die auf Aktivitäten der örtlichen Ebene zurückzuführen und dort am deutlichsten und drängensten spürbar sind auch diesbezügliche Lösungsansätze auf derselben Ebene vermutet werden können. Ein solches Vorgehen kann dann zum Teil wesentlich konkretere Folgen haben, als in der nationalen Umweltpolitik erkennbar wird.

Auf europäischer Ebene fand dieser Prozeß seinen Ausdruck auf der Aalborg-Konferenz in Dänemark im Mai 1994 und der Verabschiedung der Charta von Aalborg, durch deren Unterzeichnung die „Europäische Kampagne zukunftsbeständiger Städte und Gemeinden" initiiert wurde.[212] Von diesen haben sich mittlerweile mehr als 200 in Europa verpflichtet, ein langfristiges Handlungsprogramm mit dem Ziel der Zukunftsbeständigkeit, also eine lokale Agenda 21, zu entwickeln und darüber den Konsens innerhalb ihrer Kommune zu erzielen. Auf der Nachfolgekonferenz in Lissabon im Oktober 1996 ging es dann um die Formulierung konkreter Handlungsschritte für deren Umsetzung und entsprach damit ihrer Überschrift „Von der Charta zum Handeln". Als maßgeblich für den Erfolg einer lokalen Agenda 21 ist beispielsweise von Interesse, wie denn inhaltliche und zeitliche Phasen des Prozesses gegliedert sowie Zuständigkeiten festgeschrieben werden können und wie die Bewertung und Kontrolle zu erreichender Ziele aussehen könnte.

Die tatsächliche Bereitschaft zur Erstellung einer lokalen Agenda 21 ist dagegen sehr unterschiedlich ausgeprägt. Während für Südeuropa kaum Daten vorliegen, sind etwa in Großbritannien, den Niederlanden und Dänemark mehr als zwei Drittel aller Gemeinden involviert. Ein entsprechendes Engagement in Deutschland wird bislang als gering beurteilt[213] und steht damit im Widerspruch zum ursprünglich ambitionierten von der Bundesregierung mitgetragenen Vorhaben.

Das mag zunächst einmal daran liegen, daß es die lokale Agenda 21 als solche nicht gibt. Stattdessen ist jede Kommune in- und auch außerhalb Europas aufgefordert, ein eigenes Programm einer nachhaltigen Stadtentwicklung aufzustellen. Für eine Erreichung dieses Zieles sind Kommunalverwaltungen

---

[211] Vgl. Diefenbacher, 1996, S. 1141.
[212] Vgl. Charter of European Cities and Towns Towards Sustainability, Aalborg, 27.5.1994, abgedruckt in European Commission Expert Group on Urban Environment, 1994, S. 182ff.
[213] Vgl. Bundesministerium für Raumordnung, Bauwesen und Städtebau, 1996, S. 4f.

zudem angehalten, in einen Dialog mit ihren Bürgern, örtlichen Organisationen und der Privatwirtschaft einzutreten und die Entwicklung einer lokalen Agenda 21 folglich als partizipatorischen Prozeß zu begreifen. Dieser ist genauso vielfältig wie undefiniert und darin liegen seine Chancen und Hindernisse. Wie schwierig ein derartiges Vorhaben ist, zeigen die bisherigen Erfahrungen in den Kommunen.[214] Die Initiativen kommen bislang fast ausschließlich von Umweltgruppen oder aus dem Bereich der Umweltverwaltung, die Einbeziehung der Wirtschaft und die Bürgerpartizipation werden dagegen kaum verfolgt. Dazu kommt ein mangelndes Engagement von Bund und Ländern, was sich etwa in dem Fehlen einer Kampagne zur lokalen Agenda 21 ausdrückt und in der Folge Informationsdefizite, Ratlosigkeit und Überforderungen nach sich zieht.[215] Auch ist an die ökonomische Theorie der Bürokratie und ihrer Konkurrenzbeziehungen zwischen den Behörden zu erinnern, die im Rahmen dieser Problematik ebenso eine Rolle spielen. Konflikte über Kompetenz- und Ressourcenansprüche zwischen zuständigen Stellen für Stadtentwicklung und der Umweltverwaltung sind bereits beobachtbar und könnten noch zunehmen. Zudem herrscht Uneinigkeit darüber, ob dem Anliegen einer lokalen Agenda 21 für deutsche Kommunen nicht bereits durch die Praxis der integrierten Stadtentwicklungsplanung entsprochen wird, und somit ein gesondertes Vorgehen überflüssig ist.

Beide Seiten weisen in der Tat eine Reihe von Berührungspunkten auf, und eine integrierte Stadtentwicklungsplanung erfüllt durchaus in einigen Bereichen die Ansprüche einer lokalen Agenda 21. Wie diese will sie ressortübergreifende Fragen aufwerfen und lösen, künftige Entwicklungen steuern und unterschiedliche Interessen koordinieren. Von einer Gleichsetzung kann dennoch nicht gesprochen werden. So liegt dem Ansatz der lokalen Agenda 21 das Leitbild „Zukunftsbeständigkeit" zugrunde, welches sich durch seinen langfristigen Charakter auszeichnet und der durch wirtschaftliches Denken und Wahlperioden geförderten eher kurzfristigen Sichtweise auf kommunaler Ebene gegenübergestellt wird.[216] Das Leitbild umfaßt die ökologische Zukunftsbeständigkeit, die des Gemeinwesens und des Wirtschaftssystems gleichermaßen.

Der wichtigste Unterschied aber liegt in der Umsetzung der Konsensfindung innerhalb einer Kommune. Der Prozeß der lokalen Agenda 21 will explizit alle

---

[214] Für einen Überblick siehe beispielsweise die Agenda-Transfer-Stelle Agenda-Transfer/CAF (NRW) am Berliner Platz 23 in 53111 Bonn, die den Rundbrief „Stadtgespräche - Nachrichten zur lokalen Agenda 21 in Deutschland" herausgibt und den Gesamtprozeß beobachten und unterstützen soll.

[215] Vgl. Serwe, 1997, S. 79.

[216] Vgl. ICLEI - Internationaler Rat für kommunale Umweltinitiativen, 1996, S. 6.

gesellschaftlichen Gruppen einbeziehen und bedarf daher geeigneter Organisationsformen, die über bisher praktizierte Partizipationsformen hinausgehen. Bisher wurde oftmals ein von der Verwaltung vorbereitetes Planwerk vorgestellt, das Änderungen nur noch in begrenztem Maße zuließ und somit Beteiligung mehr als Akzeptanzbeschaffungsinstrument und weniger als tatsächliche Möglichkeit zur Mitprägung gemeinsamer Standpunkte begriff. Auf dem Weg zu mehr Basisdemokratie sind Beteiligungsformen, die neben Mitsprachemöglichkeiten auch Entscheidungskompetenzen bieten, in den Kommunalverfassungen in der Regel bislang nicht vorgesehen. Jüngste gesetzgeberische Bestrebungen in diesem Bereich, die sogenannten Beschleunigungs- und Deregulierungsgesetze, gehen sogar in die gegenteilige Richtung.[217]

Bürger und kommunale Gruppen sollen dagegen beispielsweise über Foren und gezielte Öffentlichkeitsarbeit aktiv beteiligt werden. Dahinter steht die Auffassung, daß deren Interessen ernstzunehmen und die Befragten zudem kompetente Ansprechpartner für die Lösung kommunaler Probleme sind. Die Erzielung eines Konsenses wird dabei einer Mehrheitsentscheidung ausdrücklich vorgezogen, da ein solcher unter anderem die Durchsetzung von Forderungen der mit besseren Finanzmitteln ausgestatteten Interessengruppen gegenüber schwächeren oder unterrepräsentierten Gruppen erschwert.[218] Allerdings stehen diesem Anspruch noch keine konkreten Maßnahmen zur Umsetzung gegenüber. Eine Ausnahme ist das sogenannte Mediationsverfahren. Ursprünglich für Konfliktregelungen entwickelt, werden Mediationsverfahren zunehmend für die frühzeitige Einbeziehung unterschiedlicher Interessen und Belange in anstehende Planungs- und Entscheidungsverfahren genutzt.[219] Diese können nun kooperativer und flexibler gestaltet werden. Für die Erzielung eines Konsenses in Form eines Interessenausgleichs werden dann Kompromisse diskutiert oder Ausgleichsmaßnahmen angeboten.

Eine angestrebte nachhaltige Entwicklung und ein derart implizierter Strukturwandel sollen mit gleichberechtigten und gleichgewichtigen Kooperationspartnern auf eine möglichst breite Basis gestellt werden. Durch die Einbeziehung der unterschiedlichen Akteure kann geklärt werden, unter welchen Bedingungen diese mehr als nur Verständnis für eine entsprechende Entwicklung aufbringen und welche erfüllt sein müssen, um etwaige Produktionsorganisationen und Gewohnheiten zu ändern. Allerdings ist anzumerken, daß gerade im Bereich der Verfahrenskultur, etwa die Beteiligung der Öffentlichkeit an Planungsprozessen,

---

[217] Vgl. Siebald, 1997, S. 4.
[218] Vgl. Bundesministerium für Raumordnung, Bauwesen und Städtebau, 1996, S. 13.
[219] Vgl. z.B. Weidner/Fietkau, 1995.

die gesetzlichen Möglichkeiten das Maß ihrer Anwendung übersteigen. Gründe dafür könnten in den Erfahrungen mit den Schwierigkeiten bei der praktischen Umsetzung liegen, beispielsweise wenn ein hoher zeit- und kostenintensiver Aufwand unbefriedigenden Ergebnissen gegenübersteht. Diese können auch aus der mangelnden Methodenkompetenz bei der Anwendung von Beteiligungsmodellen resultieren, welche aber durch eine Professionalisierung in diesem Bereich, wie etwa in den USA beobachtbar, reduzierbar ist. Die Auslegungs- und Anwendungsmöglichkeiten des bestehenden Rahmens sollten dennoch erprobt, trainiert und benutzt und nicht wieder eingeschränkt werden, wie die Gesetze zur Beschleunigung von Genehmigungsverfahren befürchten lassen. Auch wenn diese keine direkte Anwendung auf kommunaler Ebene finden, ist ihr demotivierender Einfluß aufgrund eingeschränkter Mitspracherechte auch kommunalpolitisch nicht zu unterschätzen. Der Rat von Sachverständigen für Umweltfragen stellt in seinem Umweltgutachten 1996 zudem den behaupteten Zusammenhang der Dauer von Genehmigungsverfahren und Standortentscheidungen aufgrund fehlender empirischer Belege in Frage und warnt vor voreiligem legislativen Aktionismus.[220]

Das Leitbild einer nachhaltigen Entwicklung ist naturgemäß vage und auch deshalb in hohem Maße konsensfähig. Folgt man diesem Leitbild bis hin zu den Kommunen und ihren Bemühungen um die Entwicklung einer lokalen Agenda 21, so ist es nicht die Frage, ob denn beispielsweise technische Standards, Baurichtlinien, Abgaben und Stadtentwicklungsplanungen entsprechend weiterzuentwickeln sind, sondern vielmehr, wie das Wie im demokratischen Austrag der Interessen zu bestimmen und umzusetzen ist. Debatten um die inhaltliche Definition von Nachhaltigkeitszielen dürfen dabei die Frage nach einer prozeduralen Definition der Steuerungsprozesse nicht vernachlässigen. In der Diskussion um Konzeptansätze einer nachhaltigen Entwicklung wird deutlich, daß diese inhaltlich durchaus ähnliche Standpunkte, prozedural aber sehr unterschiedliche Steuerungsprozesse vertreten. Das Fundament dieser Konzeptansätze bilden die sogenannten Managementregeln für eine nachhaltige Entwicklung. Vereinfacht formuliert sollen diese dafür Sorge tragen, daß natürliche Ressourcen lediglich im Umfang ihrer Regenerationsfähigkeit genutzt werden, Stoffe nur in dem Umfang der Assimilationsfähigkeit der Umwelt zu emittieren sind und nichterneuerbare Ressourcen nur bei Schaffung funktionellen Ersatzes verwertet werden können.[221]

---

[220] Vgl. SRU, 1996, S. 3.
[221] Vgl. Schäffler, 1996, S. 21.

Die Ökologische Ökonomie etwa, deren Hauptinteresse in der Erhaltung des Naturkapitals liegt, findet in diesen Managementregeln ihre Forderung nach unverhandelbaren Schranken bei der Nutzung der natürlichen Umwelt bestätigt. Problematisch an diesem Ansatz ist seine scheinbare Objektivität. Mit einem entsprechenden wissenschaftlichen Forschungsaufwand könnten Nutzungsschranken als Nachhaltigkeitsgrenzen ermittelt werden, die außerhalb normativer und politischer Bewertung stehen. Auf der Grundlage öko(logie)zentrischer Ziel- und Wertvorstellungen bietet allein die Ökologie Auskunft darüber, welche Veränderungen und Belastungen von ökologischen Systemen als ökologisch richtig und akzeptabel oder ökologisch falsch und damit nicht mehr akzeptabel bewertet werden. Tatsächlich aber beinhaltet die Ökologie, die lediglich Zustände, Prozesse und Bedingungszusammenhänge beschreibt, keinen Maßstab dafür, wessen Perspektive bei dessen Bewertung der Vorrang zuzuerkennen ist. Der Frage, wer bestimmt was nachhaltig sein soll und was nicht, wird bei diesem Ansatz ausgewichen und politisch bewertende Prozesse sowie die Berücksichtigung der Präferenzen der betroffenen Bevölkerung finden nicht statt. Die Definitionsmacht ist der Wissenschaft zugeordnet und ein solches Vorgehen steht damit im Widerspruch zum demokratischen Verständnis und letztlich auch zum Ziel der Nachhaltigkeit selbst, das eine Dominanz der Ökologie nicht vorsieht.

Die Managementregeln als Grundlage vielfältiger ökologischer und ökonomischer Konzepte werden der anthropozentrischen Perspektive gemäß mitunter auch als direkte Handlungsanweisungen aufgefaßt.[222] Gerade auf internationaler Ebene wird dann das Engagement und der gute Wille globaler Führungspersönlichkeiten gefordert und die Notwendigkeit verstärkter globaler Kooperation sowie die Schaffung internationaler Institutionen mit mehr Entscheidungskompetenzen betont.[223] Ein entsprechendes Konfliktpotential ergibt sich bei diesem Ansatz aus dem Umstand, daß hier die Persönlichkeiten und Institutionen, denen bisher die Verantwortung für traditionelle Entwicklungskonzepte und -strategien übertragen worden war, wiederum nun bei der Steuerung eines globalen Wandels hin zu einer nachhaltigen Entwicklung erneut in der Verantwortung stehen sollen. Dabei ist anzunehmen, daß in der Folge nicht traditionelles „Entwicklungsdenken“ überprüft wird, sondern dessen Effizienzpotential und mögliche Verbesserung. Ein Verbund globaler Umweltmanager mit entsprechendem Sachverstand und die initiierten staatlichen Eingriffe könnten sich vor dem Hintergrund verstärkter globaler Kooperation auf eine hohe moralische Legitimität berufen, die im Konfliktfall mit den Rechten und Bedürfnissen der lokalen Bevölkerung nicht unproblematisch ist.

---

[222] Vgl. Clark, 1989, S. 47f.
[223] Vgl. Brundtland, 1989, S. 13f.

Nachhaltige Entwicklung lediglich als Managementfrage zu definieren wird ihrem Anspruch nicht gerecht. Es ist eine Managementfrage, aber vor allem auch eine normative und politische Frage, denn „efficiency without sufficiency is counterproductive; the latter must define the boundaries of the former."[224] Eine dem Demokratieverständnis folgende Bestimmung nachhaltiger Entwicklungsziele bedarf in einer pluralistischen Gesellschaft eines partizipativen Diskurses. Die in der Diskussion stehenden ökologisch und ökonomisch geprägten Konzepte sind hinsichtlich der prozeduralen Bedingungen für eine derartige Steuerung defizitär. Nachhaltigkeitsziele primär wissenschaftlich bestimmen zu wollen oder sich lediglich auf eine inhaltliche Konkretisierung und Operationalisierung, etwa in Form von Grenzwerten, zu konzentrieren, ist zwar allein schon wegen durchzuführender Kontrollen von politischen Maßnahmen nicht unwichtig, aber unvollständig. Für Verfahren der politischen Steuerung ist es angesichts der gesellschaftlichen Wertepluralität entscheidend, neben der wissenschaftlichen Folgenabschätzung in gleichem Maße einen Beitrag für die Integration dieser unterschiedlichen Werte- und Interessensysteme zu leisten.[225] Die zu erwartenden tiefgreifenden gesellschaftlichen Veränderungen und die wissenschaftliche und politische Unsicherheit über die Folgewirkungen solcher Veränderungen lassen die prozedurale Ausgestaltung des politischen Steuerungsprozesses und damit partizipative und diskursive Verfahren umso wichtiger erscheinen. Es ist zwingend notwendig, eine Demokratisierung der Nachhaltigkeitsdebatte zu erreichen, denn die Entscheidung, welche Interpretation von Nachhaltigkeit letztlich als Leitbild zu Veränderungen führen soll, ist in hohem Maße eine gesellschaftspolitische. Es geht also um die bisher nicht gelöste Frage, durch welche politische Institutionen und Verfahren die Gesellschaftsmitglieder hinreichend effektiv in die Bewertungs- und Entscheidungsprozesse eingebunden und beteiligt werden können. Eine Beantwortung oder zumindest eine Annäherung an diese Frage wird auf den unterschiedlichsten Ebenen erprobt und ist Gegenstand des abschließenden Teils dieser Arbeit.

Es ist allerdings anzumerken, daß die Forderung nach einer Demokratisierung der Nachhaltigkeitsdebatte wie auch der Umweltpolitik und die Anerkennung der Notwendigkeit eines partizipativen Diskurses keineswegs allgemein geteilt werden. Bevor dieser grundsätzlichen Frage nach der Vereinbarkeit von Umweltpolitik und Demokratie im Rahmen des erkenntnisleitenden Interesses nachgegangen wird, soll zunächst eine Zwischenbilanz die bisherigen Ergebnisse und aufgeworfenen Problemlagen zusammenfassen.

---

[224] Sachs, 1993, S. 17.

[225] Vgl. Schäffler, 1996, S. 23.

5.4 Zwischenbilanz

Es ist deutlich geworden, daß unabhängig von den vorgestellten umweltpolitischen Instrumenten staatlicher Handlungsbedarf und damit eine staatliche Instanz für den Bereich des Umweltschutzes notwendig ist. Abgesehen davon, daß weder das Ausmaß dieses Handlungsbedarfs noch die damit verbundene Kostenübernahme hinreichend geklärt sind, sieht sich aber diese umweltpolitische Instanz und ihre dominierende regulative Politik mit Grenzen konfrontiert, die die aktuelle Umweltpolitik weder besonders erfolgreich noch unbedingt zweckmäßig erscheinen lassen. Staatliche Umweltpolitik wird also der konstitutiven Rolle, die ihr aufgrund des öffentlichen Gutcharakters der Umweltqualität zukommt, nur unzureichend gerecht. Im Mittelpunkt der Kritik steht dabei oft ihre Instrumentierung, die, wenn sie denn überhaupt eine ökologische Wirkung hat, diese mit zu hohen volkswirtschaftlichen Kosten erzielt, alternative Empfehlungen aber nicht in die politische Realität aufnimmt. Wenig hilfreich dabei ist auch die zugrundeliegende umweltökonomische Konzeption neoklassischer Prägung selbst, deren Problemsicht und Methodik der Praxiseignung neoklassischer Aussagen nicht immer förderlich waren.[226] Die kontroversen Diskussionen über das geeignete umweltpolitische Instrument bestimmten und lähmten lange Zeit den Verlauf der umweltpolitischen Auseinandersetzungen, haben aber immerhin deutlich werden lassen, daß es ein tatsächlich überlegenes Allokationsinstrument nicht gibt und nicht geben kann, ebensowenig, wie eine Umweltpolitik unter ausschließlich marktsteuernden Aspekten durchweg problemadäquat ist.[227] Die bestehende regulative Politik mit ihrem umfangreichen Ordnungsrecht ist als Basis notwendig, sollte aber durch flexibilisierende ökonomische Elemente zu einer gemischten Instrumentenstrategie zumindest ergänzt und unter Umständen auch spezifisch substituiert werden.

Auf dem Weg zu einer handlungs- und zukunftsfähigen Umweltpolitik ist der elementare Bereich der politischen Durchsetzbarkeit im Sinne des Zustandekommens und der Prozeßbedingungen notwendiger umweltpolitischer Entscheidungen von Interesse. Die NPÖ liefert hier grundlegende Ansätze, um das Handeln der zentralen beteiligten Akteure, Wähler, Politiker, Bürokraten und Interessengruppen, an diesen Prozessen unter gegebenen wie auch im Hinblick auf die Entstehung oder die Änderung von Institutionen zu erklären. Dabei werden

---

[226] Vgl. Hansmeyer/Schneider, 1992, S. 17.
[227] Vgl. Gawel, 1994, S. 11f.

bestimmte Anreizsituationen und gegenseitige Abhängigkeiten, die dem Entstehungsprozeß umweltpolitischer Entscheidungen zugrunde liegen, offensichtlich. So kann in diesem komplexen Interaktionsgeflecht beispielsweise kaum noch von Wählersouveränität gesprochen werden, da ihr Einfluß aufgrund einer Reihe von Umständen nicht ausreicht, um das zu erstellende Maß an Umweltqualität bestimmen zu können, obwohl Umfragen stets eine große Nachfrage nach Umweltschutzgütern belegen.[228] Es kommt zu einer Unter- oder auch Fehlversorgung mit Umweltqualität. Die Restriktionen des Wahlverfahrens und die diskretionären Handlungsspielräume bieten offensichtlich Anreize, die ein Abweichen von der Installation einer rationalen Konzeption der Umweltpolitik als rational im Sinne der Verwirklichung eigener Interessen erscheinen lassen. Hinzu kommt ein Benutzen dieser Handlungsspielräume zu wahl- und machtstrategisch erforderlichen Tauschgeschäften mit unterschiedlichen Interessengruppen, welche wiederum an der Durchsetzung eigener Renten und damit einhergehend an der Vermeidung oder Minimierung umweltbedingter Kosten arbeiten. Da diese beträchtlich sein können, ist ihr Organisationsgrad und ihre lobbyistische Vertretung entsprechend und kann in dem Maße von Umweltverbänden kaum erreicht werden. Die ebenfalls gestaltungsmächtige Umweltbürokratie als weiterer Akteur verfolgt wieder andere Interessen und sieht sich dabei bestimmten Abhängigkeiten gegenüber. Wie gezeigt werden konnte, ist es zwingend erforderlich, die jeweiligen Interessenlagen ebenso in realistischer und pragmatischer Weise zu erfassen wie die Bedingungen ihrer Durchsetzung, zumal die sich anschließende Implementation der Instrumente ganz entscheidend von diesen Interessenlagen bestimmt ist. Die Thesen zu den Instrumentenpräferenzen der beteiligten Akteure lassen die größte Zustimmung, wenn auch aus unterschiedlichen Gründen, bei der Auflagenregelung vermuten, so daß die bestehende überwiegend ordnungsrechtliche Instrumentalisierung der Umweltpolitik erklärbar wird.
Die ökonomische Theorie der Verfassung schließlich sieht zur Lösung politischer Problemlagen die Veränderung der institutionellen Rahmenbedingungen des laufenden politischen Prozesses vor. Die Ausführungen verdeutlichen die in diesem Zusammenhang aufgezeigte Problematik der Selbstbindung der unmittelbar Betroffenen in Form der Begrenzung ihres eigenen Handlungsspielraums.

Die Umweltproblematik wurde in der neoklassischen Umweltökonomie stets als Allokationsproblem verstanden und bewältigt, die sich daraus ergebenden Verteilungsfragen hingegen von Effizienzüberlegungen verdeckt. Auch aus diesem Unbehagen heraus entwickelte sich die Diskussion um eine Art

---

[228] Vgl. z.B. Simonis, 1991, S. 73f.

Neukonzeption oder Ergänzung mit Hilfe der Idee einer Politik der Nachhaltigkeit als Rahmen einer zukunftsfähigen Umweltpolitik. Ein derart postuliertes Leitbild trifft auf große Resonanz in der politischen und wissenschaftlichen Diskussion und läßt erkennen, daß der damit angesprochene Problembereich ein grundsätzliches Anliegen innerhalb gesellschaftlicher Willensbildungsprozesse ist. Hervorzuheben ist außerdem, daß hier neben der generellen Anerkennung einer staatlichen Umweltpolitik sogar explizit der Primat der Politik eingefordert wird, ohne dabei freilich, wie mitunter vermutet, einer Maximierung der möglichen Eingriffsintensität das Wort zu reden. Die gezeigten Schwierigkeiten im Umgang mit diesem interpretationsfähigen Begriff lassen die Idee dahinter deshalb nicht weniger wichtig erscheinen, und zudem steht sie der bestehenden freiheitlich-marktwirtschaftlichen Ordnung ebensowenig wie dem Primat der Bürgersouveränität grundsätzlich entgegen. Die Kriterien der ökonomischen, ökologischen und sozialen Verträglichkeit sollen als gleichberechtigt betrachtet werden, so daß die mitunter vorgebrachte Argumentation von einer der Nachhaltigkeit verpflichteten Umweltpolitik als destruktiv, arbeitsplatz- und standortgefährdend nicht gelten kann. Volkswirtschaftliche Risiken durch umweltbedingte Modernisierungsmaßnahmen sind allerdings dann zu erwarten, wenn sie einen bereits durch Politikversagen, etwa in Form einer opportunistischen Bedienung von Partikularinteressen und eigener Wählerklientele, vorbelasteten Standort treffen.[229]

Es ist also aufgrund der dargestellten Umstände naheliegend, von Politikversagen zu sprechen und gesellschaftliche Wohlfahrtsverluste zu konstatieren. Einer Ausdehnung und abnehmenden Kontrollierbarkeit der Bürokratie und der Interessenverbände durch den Bürger folgt eine abnehmende Selbst- und Mitbestimmung. Die Lösung von dringenden Problemen wie der Schutz der Umwelt scheint mit Hilfe der gegenwärtig verwendeten Institutionen und Entscheidungsverfahren zumindest im Rahmen der freiheitlichen Demokratie nur in unbefriedigender Weise oder auch überhaupt nicht möglich zu sein. Unsichere Kenntnisse über einen komplexen Bereich und divergierende Interessen lassen das umweltpolitische Entscheidungssystem dazu tendieren, Entscheidungen zu verschieben oder zu partialisieren, um diese Interessen zu befriedigen. Lösungsanstrengungen, initiiert durch einen entsprechenden Handlungs- und Legitimationsdruck, werden oftmals erst nach einem eingetretenen Schadensfall, respektive nach Umweltkatastrophen, unternommen und ob ein solcher Aktionismus verbunden mit den prozeßbedingten instrumentellen Ausgestaltungsbedingungen dann zu ökologisch wie ökonomisch rationalen Lösungen führt,

---

[229] Vgl. Ewers/Hassel, 1996, S. 15.

darf bezweifelt werden.[230] Luhmann konstatiert folgerichtig, daß die ökologischen Probleme „vollends deutlich machen, daß die Politik viel können müßte und wenig können kann.“[231]
Ist nun der demokratische Rechtsstaat gegenüber auftretenden Rechtsbrüchen, Gefangenendilemmasituationen, Handlungsspielräumen, ökonomischer Macht, Interdependenzen, Wettbewerb und Illoyalitäten zu hilflos ? Müssen die individuellen Schutz- und Freiheitsrechte immer derart gestaltet sein, daß sie zwangsläufig mit umweltplanerischen Maßnahmen des Staates kollidieren und folgt daraus schließlich eine Elitetheorie der Politik ? Liegt also die Lösung für den Umweltschutz bei Menschen, die besser außerhalb des sozialen Prozesses stehen und die über die moralischen Qualitäten verfügen, die Entwicklung in die gewünschte Richtung zu lenken ?[232]
Diese Fragen klangen bereits bei den Ausführungen zu Umweltpolitik und ökonomischer Theorie sowie in der Nachhaltigkeitsdebatte an und sind gewiß nicht abschließend geklärt. Jonas etwa setzt sich offen mit den Vorteilen totaler Regierungsgewalt auseinander[233], und auch wenn man sich selbst weit von der Befürwortung einer Ökodiktatur entfernt wähnt, ist er doch nicht der einzige, der seinem Unbehagen gegenüber langwierigen demokratischen Prozessen mit mehrheitlicher Entscheidungsfindung auf diese Weise beizukommen sucht. Die entsprechenden Argumente kann man im Einzelfall ernst nehmen oder nicht, sie verdienen aber zumindest eine nähere Betrachtung.

Ist also die Staatsform der Demokratie zur Bewältigung der existentiellen Umweltproblematik geeignet oder eher ein autoritärer ökologischer Staat ?

---

[230] Samuelson bemerkt dazu, daß „democracies can’t easily make present sacrifices to avoid future menaces. We require (it seems) a clear and present danger to stir us to action.“ Vgl. Newsweek, July 28, 1997, S. 4.

[231] Luhmann, 1990, S. 169.

[232] Vgl. Watrin, 1996, S. 107.

[233] Vgl. Jonas, 1979, S. 262f.

6 UMWELTPOLITIK UND DEMOKRATIE - DIE EIGNUNG DER DEMOKRATIE UND DER UMGANG MIT KOLLEKTIVITÄT

Nach dem oben Gesagten kann weder ein ordnender Staat noch ein selbstregulierender Markt eine angemessene Alternative für die anstehenden Probleme sein, sondern vielmehr ein Ordnungsrahmen, der den Staat-Markt-Mechanismus grundsätzlich auf das Prinzip einer nachhaltigen und mithin umweltschützenden Entwicklung festlegt. Die Erstellung und Herausbildung eines solchen Ordnungsrahmens ist mit Schwierigkeiten und schließlich auch Defiziten behaftet, was etwa die Untersuchungen der NPÖ verdeutlichen. Wenn also weder Staat noch Markt aus sich heraus einen solchen Wandel vollziehen können, stellt sich die Frage, ob das Gemeinwesen insgesamt dazu in der Lage ist. Die NPÖ beschäftigt sich dabei vornehmlich mit den Fragen der Demokratie, Formen der Diktatur sind dagegen nicht Untersuchungsgegenstand. Das mag auch daran liegen, daß die ersten Ansätze der NPÖ beispielsweise bei Schumpeter und Downs in der Auseinandersetzung mit der Demokratie entwickelt wurden.

6.1 Das Mehrheitsprinzip

In einer repräsentativen Demokratie wählt der mündige Bürger in regelmäßigen Abständen in freier und geheimer Wahl ein Parlament, welches dann bis zur nächsten Wahl politische Entscheidungen treffen darf, wobei in der Regel das Mehrheitsprinzip gilt. Mehrheitliche Entscheidungsfindung hat dabei sowohl dem Freiheitsanspruch der Individuen als auch dem Verbindlichkeitsanspruch und der Einheit des sozialen Ganzen Rechnung zu tragen. Dabei verweist nun die ökonomische Theorie der Demokratie auf eine Reihe von Problemen, und tatsächlich wird die Legitimität von Mehrheitsentscheidungen für den Umweltschutzbereich beispielsweise von dem Philosophen Robert Spaemann in Frage gestellt: „Es kann niemandem zugemutet werden, Mehrheitsentscheidungen zu akzeptieren, wo diese seiner Überzeugung nach Tod oder schwere gesundheitliche Schäden seiner Kinder bedeuten.“[234] Dahinter steht ein grundlegender Zweifel, ob die Menge, etwa im Sinne des Aristoteles, vieles besser beurteilen könne als einer allein, oder anders formuliert, ob und aus welchen Gründen der Mehrheit die Kompetenz zustehen sollte, rechtsverbindlich

[234] Spaemann, 1980, S. 203.

über Interessen- und Meinungskonflikte zu entscheiden. Das gilt insbesondere für die Fälle, in denen die Suche nach einem Kompromiß an Grenzen stößt, eine Entscheidung aber unumgänglich ist.[235] Dieser grundlegende Zweifel macht deutlich, daß es weniger um die Ablehnung der Mehrheitsregel, sondern vielmehr um die Geringschätzung der als regierungsunfähig betrachteten Masse geht. Im Anschluß werden dann Formen einer Ökodiktatur diskutiert, um die Menschen zu zwingen, die Beschränkungen hinzunehmen, die eine nicht mehr oder doch erheblich langsamer wachsende Produktion von ihnen im Interesse der Umwelterhaltung verlangen würde. Unter Beibehaltung einer pluralistischen, liberalen Demokratie wäre das kaum möglich.[236]
Angesichts fortschreitender Umweltgefährdung, einer weiteren Verknappung von Umweltgütern und katastrophenartigen Krisen, die begleitet werden von einer zögerlichen Umweltpolitik, sind solche Überzeugungen nachzuvollziehen und müßten sogar durchgesetzt werden, wenn nur damit die Zerstörung ausgeschlossen werden könnte. Es ist nicht unwahrscheinlich, daß umweltbedingte Notstandssituationen den Nährboden für totalitäre Regime bereiten könnten.

Immer wieder findet sich auch in Debatten die Frage nach der Notwendigkeit, bestimmte Sachverhalte in der Verfassung zu regeln, um sie somit dem Bereich der Mehrheitsentscheidungen zu entziehen[237]. Allerdings muß dann auch beantwortet werden, wer darüber entscheidet, welche Fragen nicht mehrheitsfähig sind und nach welchen Verfahren Entscheidungen dann zustande kommen. Soll nicht die Mehrheit entscheiden, muß es im Umkehrschluß wohl eine Minderheit und diese wäre in irgendeiner Form auszuwählen. Denn während es nur eine Mehrheit gibt, trifft das auf die Anzahl der Minderheiten nicht zu. Eine Verfassungsänderung benötigt außerdem eine Zwei-Drittel-Mehrheit im Parlament und ein solcher Grundkonsens ist nur denkbar, wenn die Bedeutung des Umweltschutzes bereits prinzipiell in den Präferenzen von Wählern, Interessengruppen und Politikern enthalten ist.[238] Wenn bei spezifischen Angelegenheiten, etwa ökologischen Belangen, das Mehrheitsprinzip als disponibel hingestellt wird, kommt man nicht umhin, seine generelle Gültigkeit zu bezweifeln. Wo Minderheiten den Anspruch erheben, die Politik demokratisch legitimierter Mehrheiten dort zu vereiteln, wo es ihnen gemäß ihrem Verständnis als notwendig erscheint, ist stets ein totalitäres Element im Spiel. Der Einfluß von Interessengruppen etwa, der in einer Demokratie einer rationalen Umweltpolitik oft entgegenstehen kann, sinkt zwar mit zunehmender Totalisierung einer

[235] Vgl. Zippelius, 1987, S. 3.
[236] Vgl. Fetscher, 1986, S. 159.
[237] Vgl. Lambertz, 1990, S. 23.
[238] Vgl. Klaus/Horbach, 1991, S. 407.

Herrschaft, ihre Existenz wird damit aber keineswegs unterbunden und mit der Beseitigung einiger Interessengruppen geht immer die Stärkung anderer einher. So haben die in einer Diktatur bestehenden Interessengruppen ungleich mehr Gewicht, als wenn sie, wie in Demokratien, mit einer Vielzahl anderer zu konkurrieren hätten, und es ist eher unwahrscheinlich, daß ihre Interessen mit denen des Volkes identisch sind.

Verschiedene Interessen sind legitim und ihre Einbeziehung in den parlamentarischen Prozeß ebenso, solange sie für jeden offensichtlich und transparent sind. Guggenberger bezeichnet den Mehrheitsentscheid denn auch trotz aller Kritik unter den gegenwärtigen Bedingungen als akzeptabelste und effektivste Methode der Entscheidungsfindung.[239] Er ist der Kompromiß zwischen dem Konsensgedanken und dem Bedürfnis nach friedenstiftender verbindlicher Entscheidung. Wenn aber ganz ohne nicht-einstimmige kollektive Entscheidungen nicht auszukommen ist, dann gibt es nur die Alternativen, ob diejenigen, die für den einzelnen entscheiden, demokratisch legitimiert sind oder nicht. Kollektivanstrengungen und Kollektiventscheidungen müssen dabei dem Prinzip des Individualismus keineswegs entgegenstehen und Hampicke betont ausdrücklich, daß die Antithese zur Individualität nicht die Kollektivität, sondern die Despotie ist, welche etwa kollektive Bemühungen zum Zwecke der Machtausübung ausnutzt.[240] In der kurzfristigen Perspektive mögen sich für eine Diktatur oder Despotie durchaus Vorteile ergeben, welche aber mit zu hohen Kosten verbunden sind. Diktaturen entwickeln ihre eigenen Gesetze und Interessen, und kein diktatorisches Regime wird freiwillig die erlangte Macht zurückgeben. Für Popper ist es denn auch weniger wichtig, ob nun das Volk, Eliten, Mehrheiten, Minderheiten oder Parteien regieren sollen, sondern vielmehr, daß die Absetzbarkeit einer Regierung ohne Blutvergießen stets gewährleistet ist.[241] Die vermeintlich optimale Lösung für die Umweltpolitik, eine kurzfristige Diktatur und langfristig eine Demokratie, ist folglich nicht zu verwirklichen.[242] Auch Demokratie ist eine Form politischer Herrschaft, unterscheidet sich aber von allen übrigen Herrschaftsformen durch die in ihr angelegte, institutionell garantierte Möglichkeit, Herrschaft in Frage zu stellen.

Es ist grundsätzlich zu vermuten, daß Ordnungen auf lange Sicht oft nur dann akzeptiert und damit leistungsfähig werden, wenn diejenigen, die ihnen unterworfen sind, auch an der Setzung der Regeln beteiligt sind, so mangelhaft

[239] Vgl. Guggenberger, 1984a, S. 187.
[240] Vgl. Hampicke, 1992, S. 384.
[241] Vgl. Popper, 1987, S. 54.
[242] Vgl. Lampertz, 1990, S. 103.

dieser Prozeß auch durchzuführen ist. Dazu gehört auch die Einsicht, daß Demokratie und Mehrheitsherrschaft nicht unbedingt deckungsgleiche Begriffe sind und das Mehrheitsprinzip kein voraussetzungsfreies politisches Formprinzip.[243] Letzteres ist durch eine Vielzahl von Faktoren kultiviert. Zu nennen ist in diesem Zusammenhang vor allem der Verzicht auf einen letztgültigen Wahrheitsanspruch von Mehrheitsentscheidungen und damit verbunden das Recht von Minderheiten, diese zu kritisieren und auf deren Änderung hinzuwirken. Das wiederum bedeutet, daß das Mehrheitsprinzip keine dauerhaften 'strukturellen' Minderheitenpositionen festschreiben darf. Im Gegensatz zu den Vorstellungen Rousseaus und der Aufklärungsphilosophie des 18.Jahrhunderts wird von der jeweiligen unterlegenen Partei zwar Akzeptanz erwartet, nicht aber die Einsicht, sich über das 'wahre' Gemeinwohl geirrt zu haben. Die Frage, wieviel die Mehrheit der, mitunter sehr großen, Minderheit zumuten kann, muß stets präsent sein. Rechtlich ist sie mit der Begrenzung der Mehrheitsentscheidungen durch verfassungsrechtliche Garantien, respektive durch die Grundrechte, geregelt. Politisch aber bleibt die Frage dann offen, wenn die Betroffenen in eine Situation geraten, in der sie die ihnen zugemuteten Lasten als größer empfinden als die Vorteile, welche der Erhalt der Staats- und Rechtsordnung ihnen bietet. Die Rechtsordnung stellt zwar das Verfahren der demokratischen Legitimation bereit, die Erlangung politischer Akzeptanz für die so getroffene Entscheidung kann sie dagegen nicht gewährleisten. Demokratie als Verfahren gibt die Ziele der gesellschaftlichen Entwicklung nicht verbindlich vor, sondern bietet Raum für Gestaltungsalternativen und hält die Akzeptanzdiskussion offen. Der Wert demokratischer Verfahren liegt in diesem Sinne nicht außerhalb des Verfahrens, da dessen Durchführung ein 'gutes' Ergebnis nicht garantiert, sondern innerhalb des Verfahrens, da dessen Einhaltung ein 'gutes' Ergebnis immerhin offenhält.[244]

Das Mehrheitsprinzip als Kernelement westlicher Demokratien, aber auch die Frage nach der eigenen nationalstaatlichen Souveränität und der Verantwortung gegenüber den Bürgern unterliegen allerdings gerade im Rahmen einer globalen Perspektive, wie sie bezüglich einer nachhaltigen Entwicklung und Umweltschutz zunehmend vonnöten ist, einer wandelnden Bedeutung. Entscheidungen, die von quasi-supranationalen Organisationen wie beispielsweise der Europäischen Union getroffen werden, limitieren von vornherein den Bereich von Mehrheiten zugänglichen Entscheidungen und haben sich in der Folge immer auch dem Problem der hinreichenden Legitimation zu stellen. Solcherart getroffene Entscheidungen berühren zudem nicht nur die Interessen der Bürger des eigenen Landes. Die beschränkte Steuerungsfähigkeit der staatlichen Akteure bei der

---

[243] Vgl. Guggenberger/Offe, 1984, S. 12f.
[244] Vgl. Gusy, 1989, S. 40.

Bearbeitung globaler Probleme und eine damit einhergehende Entdemokratisierung können zu einem Vertrauensverlust in die staatlichen Institutionen führen und schließlich auch zu einer Delegitimation der repräsentativen Demokratie.

Die klassische Demokratietheorie und ihre Varianten haben sich mit einer sich ändernden Realität auseinanderzusetzen. „The very idea of consent becomes deeply problematic as soon as the nature of a so-called 'relevant community' is contested....What is the relevant constituency ? Local ? National ? Regional ? International ? To whom do decision-makers have to justify their decisions, and to whom should they ?....What is the fate of the idea of legitimate rule when decisions, often with potentially life-and-death consequences, are taken in polities in which large numbers of the affected individuals have no democratic stake?....Territorial boundaries demarcate the basis on which individuals are included and excluded from participation in decisions affecting their lives."[245] Was zu beobachten ist, ist ein „increased level of State integration with decreased levels of democracy, facing 'multi-bureaucratic decision making' at the national and international level, which sustains and redefines the power of states."[246] In der Folge muß die zukünftige Entwicklung der Demokratie vor dem Hintergrund eines globalen Kontextes mit entsprechenden Konsequenzen, wie „the way, processes of, among other things, economic, political, legal and military interconnectedness are changing the nature of the sovereign state from above; the way local and regional nationalisms are eroding the nation-State from below; and third, the way global interconnectedness creates chains of interlocking political decisions and outcomes among states and their citizens which alter the nature and dynamics of national political systems themselves"[247], rechnen und umgehen. In einem derartigen System ist die entscheidende Frage nach der Verantwortlichkeit gegenüber den eigenen Bürgern und deren Beteiligung nicht beantwortet. „The notion of a relevant constituency must be expanded to include the relevant domains and groups of people significantly affected by such interconnectedness. In principle, this requires an expanding framework of democratic states and agencies to render decisions accountable."[248] Dazu gehört beispielsweise der Zugang zu Informationen oder die Möglichkeit der Klage von Individuen und Gruppen an auch internationalen Gerichtshöfen.

Abseits der Schwierigkeiten einer globalen Perspektive ist im Rahmen der Fragestellung die grundsätzliche Interpretation der Demokratie von Bedeutung.

---

[245] Held, 1991, S. 143.
[246] Merkel, 1995, S. 8f.
[247] Held, 1991, S. 158.
[248] Merkel, 1995, S. 10.

Diese findet ihren Ausdruck in zwei verschiedenen Positionen. Ein Demokratieverständnis, entsprechend einer nachfrageorientierten Demokratietheorie, ist dem radikaldemokratischen Glauben an die Souveränität und die Kompetenz des Volkes verpflichtet. Die angebotsorientierte Interpretation der Demokratie mißtraut dagegen dieser Kompetenz und hält Eliten für unabdingbar.[249] Dahinter steht die Auffassung, daß zwar üblicherweise die Qualität des demokratischen Willensbildungsprozesses daran gemessen wird, ob und inwieweit dieser den Eingang der Präferenzen der Bürger in die Kollektiventscheidungen sicherstellt, nicht aber, ob und inwieweit er außerdem gewährleistet, daß die Bürger zu ihren Bedürfnissen finden und diese dann auch die „richtigen" sind. Der Problembereich der Bildung von Bedürfnissen ist bereits an anderer Stelle hinreichend dargestellt worden. Tatsächlich ist die Frage, ob individuelle Vorstellungen über die bestehende und erwünschte Umweltqualität eine verläßliche Basis der Umweltpolitik sein können und sich diese folglich in ihrer Grundausrichtung beispielsweise an demoskopischen Ergebnissen über das Umweltbewußtsein der Bevölkerung orientieren darf, nach wie vor strittig. Das Problem der individuellen Wahrnehmung, Erfahrung und Identifizierung von ökologischen Gefährdungen ist in diesem Zusammenhang nicht zu vernachlässigen. Die Frage nach einem alternativen Bezugspunkt ist damit freilich nicht beantwortet. Auch eine 'aufgeklärte diktatorische Staatsform' könnte bestimmte Aufgaben verwirklichen, die sich ein freiheitlich-demokratischer Staat zum Ziel gesetzt hat. Sie bleibt aber ohne verantwortliche Teilnahme ihrer Staatsbürger. Hier liegt die Bedeutung des Mehrheitsprinzips für die Demokratie. In einer demokratischen Gesellschaft läßt sich Politik nicht dauerhaft gegen die Vorstellungen, Bedürfnisse und Präferenzen der Bürger durchsetzen und extern entwickelte Konzeptionen unterliegen stets einem Legitimationsdefizit. Bedürfnisse sind zu einem wesentlichen Teil Produkt eines gesellschaftlichen Lernprozesses und als solche etwa über eine entsprechende Informations- und Bildungspolitik zumindest beeinflußbar. Eine Alternative zu ihrer letztendlichen Dominanz und in der Folge zum Naturerhalt auf der Basis breiten Willens gibt es kaum. Hampicke formuliert entsprechend bündig, daß dieser Wille entweder entsteht, und es gibt eine Zukunft, oder er entsteht nicht, dann wird auch keine ökologische Diktatur rettend eingreifen können.[250]

---

[249] Vgl. Kirsch, 1993, S. 178.
[250] Vgl. Hampicke, 1992, S. 453.

6.2 Freiheitsbeschränkungen durch Umweltschutz

Mit dieser Anerkennung erscheint auch das Szenario eines drohenden autoritären ökologischen Staates wenig wahrscheinlich, immer vorausgesetzt, es kommt zu keinen katastrophenartigen Notstandssituationen. Das heißt jedoch nicht, daß es nicht abseits dieser unmittelbaren Gefahr zu anderen, versteckteren Formen einer Ökodiktatur kommen könnte.
Es ist unmittelbar einsichtig, daß individuelle Freiheit und Umweltschutz in einem grundsätzlichen Spannungsverhältnis stehen. Denkbar und zum Teil auch beobachtbar ist beispielsweise die staatliche Eindämmung bestimmter umweltgefährdender Verhaltensweisen und die ökologische Reduzierung von Grundrechten, der zunehmende Verlust der privaten Nutzbarkeit potentiell umweltrelevanter Güter und deren staatliche nutzungsrechtliche Zuteilung bis hin zu einer Illegitimierung föderalistischer Entscheidungsstrukturen angesichts weiträumiger Umweltprobleme sowie das Versagen rechtsstaatlicher Kontroll- und Steuerungsmechanismen. In ihrer Summe können sie zu entsprechenden Freiheitsbeschränkungen des einzelnen führen, der sich dann in der Folge weniger als selbstverantwortlich handelnde Person begreifen wird, sondern zunehmend als Objekt einer ökologisch motivierten staatlichen Zugriffsordnung.[251] Hinzu kommt, daß die Fülle von Reglementierungen zum Erhalt und zur Sanierung der Umwelt neben einem Machtzuwachs des Staates vor allem auch mit einer entsprechenden bürokratischen Entwicklung verbunden ist. Mittelfristig nicht unwahrscheinlich erscheint Kloepfer deshalb die Entstehung eines bürokratisch-technokratischen Regimes „ökologischer Eliten“, welches sich, zumindest partiell autoritär und zentral organisiert, mehr über den ökologischen Sachverstand seiner Repräsentanten legitimieren könnte und weniger über den mehrheitlichen Willen der Bevölkerung.[252] Rationalität, gegründet auf das Wissen einer Elite, erlaubt es, die Interessen anderer als irrelevante oder illegitime Abweichungen zu behandeln und die vorgebliche Rationalität des kollektiven Handelns beseitigt dann die Restriktionen, die ihm durch die Ansprüche von Minderheiten oder Mehrheiten auferlegt werden könnten. Der Problembereich einer jedenfalls in Ansätzen politisch nicht wirklich verantworteten Sachverständigenherrschaft nicht nur bei umweltrelevanten Entscheidungswegen ist in diesem Zusammenhang erneut zu nennen. Aus ökologischen und demokratischen Gründen anzustreben wäre der Verbund von auf diesem Gebiet sensiblen und kundigen Eliten und die gleichzeitige Entwicklung und Förderung eines entsprechenden Bewußtseins der Bevölkerung.

---

[251] Vgl. Kloepfer, 1994, S. 43.
[252] Vgl. ebenda, 1994, S. 48f.

Die gegenwärtige Entwicklung ist geprägt von sowohl staatlicher Umweltbewirtschaftung als auch privatrechtlich gestalteten Ausgleichsmechanismen. Die zukünftige Gewichtung wird auch davon abhängen, ob und wie schnell es gelingt, Umweltkrisen entgegenzutreten und zu bewältigen. Es ist anzunehmen, daß das herrschende Freiheitsniveau mit seinem politischen und rechtlichen System im Falle einer Verschärfung der Umweltkrise kaum zu halten sein wird. Der Schutz der Umwelt ist folglich auch als Schutz der geltenden freiheitlichen Verfassung zu begreifen.[253]

6.3 Umweltschutz als Anlaß zur Modernisierung der demokratischen Entscheidungsstrukturen

Um den aufgezeigten Problembereichen und weiterem Legitimationsverlust als repräsentative Demokratie adäquat zu begegnen, wird diese grundsätzlich mehr Öffentlichkeit institutionalisieren müssen. Gerade im Umweltbereich ist ein großer Teil der politisch-programmatischen Gestaltung technokratischen und zu keiner demokratischen Verantwortlichkeit verpflichtenden Verfahren überlassen.[254] In diesem Zusammenhang wird das Stichwort der diskursiven Demokratie genannt, in deren Zentrum das Ver- und Aushandeln auch darüber steht, wer welche Themen für eine politische Entscheidung in die befugten Gremien einbringen kann.[255] Das Leitbild einer diskursiven Demokratie ist, ganz ähnlich einem nachfrageorientierten Demokratieverständnis, der mündige, kompetente Bürger.

Unter Demokratie wird hier generell, ungeachtet terminologischer Unterschiede, mehr als nur eine Regierungsform verstanden, sie umfaßt vielmehr eine bestimmte Einstellung zum Umgang mit Fragen des Gemeinwohls und ist politische Kultur. Es geht um Haltungen, Verhalten, das Staatsbürgerschaft definiert und um nichtpolitische Institutionen, die mit der Gesellschaft verbunden sind. Gegen eine Demokratie, die nur Eliten und Massen kennt, setzt beispielsweise der amerikanische Demokratietheoretiker Barber eine „starke“ Demokratie, welche sich als partizipatorisch begreift und auf dem Gedanken einer sich selbst regierenden Bürgergemeinschaft basiert. Diese ist weniger durch einheitliche Interessen charakterisiert als durch staatsbürgerliche Erziehung und hat eher aufgrund ihrer staatsbürgerlichen Einstellungen und partizipatorischen Institutionen als durch ihren Altruismus die Fähigkeit erworben, einen

---

[253] Vgl. Kloepfer, 1989, S. 76.
[254] Vgl. Rose-Ackerman, 1995, S. 268.
[255] Vgl. Szelenyi, 1996, S. 64.

gemeinsamen Zweck zu verfolgen.[256] Die Begriffe Partizipation und Gemeinschaft sind dabei zentral, denn „Gemeinschaft ohne Partizipation rationalisiert lediglich den Kollektivismus, verleiht ihm die Aura der Legitimität. Partizipation ohne Gemeinschaft rationalisiert nur den Individualismus und verleiht ihm die Aura der Demokratie."[257] Der Zugang zu Informationen und die Erziehung zum Staatsbürger werden als unverzichtbar für die Entwicklung des politischen Urteils angesehen. Mit dieser Erziehung zum Staatsbürger, welche ausdrücklich Partizipation impliziert und fordert, findet die Abgrenzung zur repräsentativen Demokratie ihren Ausdruck. Letztere beläßt nach Barber die Individuen wie sie sie vorfindet, da sie von ihnen lediglich eigennütziges Verhandeln erwartet und von der Gemeinschaft nur, daß sie die Marktmechanismen bereitstellt und schützt. Eine „starke" Demokratie verändert die Menschen durch die Partizipation an ihr.[258]

Die repräsentative Demokratie hat Mängel, aber sie verfügt auch über eine etablierte und relativ erfolgreiche Praxis. Den Vorstellungen einer starkdemokratischen Gemeinschaft sind dagegen Grenzen, wie beispielsweise ihre Größe oder die kaum übertragbare angloamerikanische Tradition, gesetzt. Sartori mahnt außerdem an, daß sowohl die direkte oder partizipatorische Demokratie wie die repräsentative Demokratie Schaden nehmen werden, wenn man davon ausgeht, daß Partizipation mit Repräsentation im Konflikt liegt und wenn Partizipation die repräsentativen Elemente unterminiert, statt sie zur Geltung zu bringen.[259] Zu beachten ist auch, daß die Aufgabe der Demokratie, die Norm des Konsenses und der Verständigung zu realisieren, unter den Knappheitsbedingungen der Realität bewältigt werden muß und somit Verständigungsprozesse und Partizipation nicht

---

[256] „Gemeinschaft erwächst aus Bürgerbeteiligung und ermöglicht zugleich Partizipation. Nehmen Individuen ihre Aufgaben als Bürger wahr, dann werden sie dazu erzogen, öffentlich als Bürger zu denken, so wie die Bürgerschaft die staatsbürgerliche Tätigkeit mit dem erforderlichen Sinn für Öffentlichkeit und Gerechtigkeit erfüllt. Politik wird zu ihrer eigenen Universität, Bürgerschaft zu ihrer eigenen Lehranstalt und Partizipation zu ihrem eigenen Lehrmeister. Freiheit ist das, was diesem Prozeß entspringt, nicht was in ihn eingeht. Liberale und repräsentative Formen der Demokratie machen die Politik zu einer Sache von Experten und Spezialisten, die auch keine speziellere Befähigung geltend machen können als eben die, daß sie mit Politik befaßt sind und einander in einem Rahmen begegnen, der sie zum Handeln und zur Suche nach gemeinsamen Lösungswegen auffordert." Barber, 1994, S. 148f.

[257] ebenda, 1994, S. 153.

[258] „Ihre Autonomie wird gewahrt, weil ihre Vorstellung von eigener Freiheit und eigenem Interesse so erweitert wurde, daß sie auch andere einschließt; und ihre Unterordnung unter die gemeinsame Gewalt ist dadurch gerechtfertigt, daß sie aufgrund ihrer erweiterten Vorstellungskraft in der gemeinsamen Kraft das Wirken ihres eigenen Willens erkennen können." Barber, 1994, S. 232.

[259] Vgl. Sartori, 1984, S. 105.

außerhalb der Kostenstruktur des menschlichen Lebens stehen.[260] Hier ist an die Erkenntnisse der NPÖ zu erinnern. Ein weiterer Unterschied ist das zugrundeliegende Menschen- und Bürgerbild.

Ohne die Vorstellungen von einer sich selbst regierenden starkdemokratischen Gemeinschaft im einzelnen teilen zu müssen, wird doch deutlich, daß sich die bestehende repräsentative Demokratie erkennbar und innovativer mit ihren Defiziten auseinandersetzen muß, wenn sie gegenüber künftigen Herausforderungen bestehen will. Die Forderungen nach Modernisierung der demokratischen Entscheidungsstrukturen und Verfahren erhalten durch die Umweltproblematik eine neue Qualität, weil diese unmittelbar und augenfällig Fragen wie beispielsweise nach entsprechenden Mitwirkungsrechten von in ihrer Lebensführung Betroffenen oder das Problem der langfristigen Folgen von Entscheidungen berührt. Sind diese Entscheidungen, die etwa bei Standortfragen einzelne zugunsten der Gemeinschaft belasten, nicht in ihrem Zustandekommen transparent und nachzuvollziehen, werden sie nur schwer akzeptiert und ihre Durchsetzung in der Folge von oftmals hohen Kosten begleitet. Die Voraussetzungen und Bedingungen für die Wahrnehmung demokratischer Rechte haben sich durch Faktoren wie der Anstieg des allgemeinen Bildungsniveaus in der Gesellschaft geändert, und die Umweltproblematik verlangt in besonderem Maße die Berücksichtigung von Interessen sowie Mitsprache, wo es um diese geht. Beck spricht hier von der hohen, noch nicht erfaßten Bedeutung der Umweltproblematik für das demokratische Selbstbewußtsein einer Gesellschaft.[261] Die Überlegungen zum Mehrheitsprinzip haben zudem deutlich gemacht, daß seiner legitimierenden Macht, unabhängig von der grundsätzlichen Zustimmung, Schranken gesetzt sind. Der Geltungsbereich von mehrheitlichen Entscheidungsfindungen ist bei Aufgaben wie Umweltschutz mit seiner lebenswichtigen Vordringlichkeit, seiner zeitlichen Fernwirkung und möglichen Irreversibilität hinsichtlich potentieller negativer Konsequenzen begrenzt. Bei fundamentalen Wertkonflikten und meinungspolarisierenden Richtungsentscheidungen erscheint es sinnvoller, die Verfahrensentscheidung einschließlich einer Entscheidung über Kriterien für 'Betroffenheit' selbst zu demokratisieren, statt schematisch auf den demokratischen Gehalt des Mehrheitsprinzips zu setzen.[262] Wenn allein über eine 'Herrschaft des Stimmenmehr' und über das Verfahren selbst keine Einheit mehr gestiftet werden kann, ist über die Einbeziehung ergänzender Entscheidungsmuster und Ansätze bereits im Vorfeld nachzudenken.

---

[260] Vgl. Homann, 1988, S. 271.
[261] Vgl. Beck, 1989, S. 12.
[262] Vgl. Offe, 1984, S. 181.

Die ursprünglich gestellte Frage nach der Vereinbarkeit von Demokratie und Umweltpolitik ist schließlich gar keine. Die Alternative der Bildung einer gesellschaftlichen Struktur, welche, indem sie „richtige" Verhaltensweisen erzwingt, alles weitere und respektive die Verantwortung abnimmt, kann keine erfolgreiche Alternative sein.
Eine andere Frage ist dagegen der grundsätzliche Umgang mit Öffentlichkeit und ihre Institutionalisierung. Sie existiert bereits so lange wie die Demokratie selbst. Durch die Umweltproblematik erhält sie allerdings eine neue Brisanz und Dringlichkeit. Wenn sich große Teile der Leistungsfunktionen des Staates auf dezentrale politisch-administrative Ebenen verlagern[263], muß sich der einzelne als Entscheidungsbetroffener bei den dabei angewandten Formen und Verfahren der Kooperation wiederfinden können. Der Umgang mit Öffentlichkeit manifestiert sich also auch darin, die Voraussetzungen dafür zu schaffen, daß in politisch-administrativen Entscheidungsverfahren eine denkbar breite Integration von Partialinteressen erfolgt. Diese Verfahrensformen sollten auf der anderen Seite auch die Fragen nach Motivation und Kooperation der Beteiligten sowie nach der Akzeptanz der Betroffenen aufnehmen. Zu diesem, für den Fortbestand der Demokratie und der Zukunftsfähigkeit der Umweltpolitik, so zentralen Problembereich gibt es eine Reihe von Ideen und Vorschlägen. Sie sind Gegenstand des letzten Teiles dieser Arbeit.

---

[263] Vgl. Hesse, 1987, S. 69.

7 CHANCEN FÜR EINE ZUKUNFTSFÄHIGE UMWELTPOLITIK

Die Lösung spezifischer umweltpolitischer und gesellschaftlicher Interessenkonflikte ist oftmals genauso unzureichend wie deren Repräsentation im politischen System. Traditionelle Verfahren der Entscheidungsfindung und Konfliktlösung im Umweltschutz sind einem zunehmenden gesellschaftlichen Akzeptanzverlust ausgesetzt. Obwohl ein Teil der Umwelt- und Technikgesetzgebung sehr wohl eine Reihe von Vorschriften über die Prüfung der Auswirkungen von Entscheidungen, wie etwa Risikoeinschätzungen und Umweltverträglichkeitsprüfungen, beinhaltet, sind diese offensichtlich nicht ausreichend. Vor dem Hintergrund gesellschaftlicher Entwicklungen, wie beispielsweise ein wachsendes Umweltbewußtsein oder ein entsprechendes Mißtrauen gegenüber dem Allgemeinwohlverständnis von Politik und Verwaltung, die zu einer Emotionalisierung, Moralisierung und Politisierung dieses Bereiches beitragen, stößt die Umsetzung der in den traditionellen Verfahren erzielten Ergebnisse auf erfolgreicher werdenden Widerstand.

Ausgehend von diesen grundlegenden Akzeptanzproblemen und den aufgezeigten Restriktionen des Mehrheitsprinzips bei umweltpolitischen Entscheidungen, sollen im folgenden Vorschläge und Verfahren zur Lösung dieser Konflikte vorgestellt werden. Nach ihrer Beschreibung wird sich eine kritische Bewertung anschließen. Sie gliedern sich in konsensuale Ansätze und institutionelle Reformen und sprechen somit unterschiedliche Ebenen der Entscheidungsfindung an. Dabei ist grundsätzlich die Frage nach der Eignung der Verfahren bezüglich der Art der Konflikte zu beantworten. Hilfreich dafür erscheint die Unterscheidung nach Verteilungsproblemen und damit nach ‘verhandlungsfähigen’ Interessenkonflikten auf der einen Seite und nach ‘nichtverhandlungsfähigen’ Wertekonflikten auf der anderen Seite. Diese Unterscheidung ist als Kriterium für Einsatz und Erfolg innovativer Vorschläge und Verfahren maßgebend.

Umweltkonflikte sind gekennzeichnet durch eine wechselseitige Verknüpfung von Sachproblematik, gegenläufige Interessenlagen und den dafür vorgesehenen Verfahrensmustern, meist rechtliche Regelungen. Diese bergen durch ihre konfrontative Grundstruktur ein eigenes Konfliktpotential und sind für eine hinreichend akzeptable Beilegung von Interessenkonflikten kaum geeignet. Mit der potentiellen Zunahme unproduktiver, langwieriger und kostspieliger Konflikte im Falle der Beibehaltung etablierter Verfahren öffnet sich der Spielraum für mögliche umweltpolitische Verfahrensinnovationen. Dazu gehört die Einsicht, daß staatliche Anordnungen im Bereich des Umweltschutzes eher Erfolg haben werden, wenn diese Anordnungen der Ordnung in anderen Subsystemen angemessen sind und sie diese verstärken und nicht konterkarieren.[264] Voraussetzung ist die Kenntnis über die Mechanismen, Abläufe und Vorstellungen in den anderen Subsystemen. Eine Möglichkeit zur Erlangung dieser Kenntnis sind konsensuale Ansätze, die sich aus bereits praktizierten partizipatorischen Ansätzen und ihren Defiziten entwickelt haben.

7.1 Konsensuale Ansätze

7.1.1 Verfahren der alternativen Konfliktlösung - Alternative Dispute Resolution (ADR)

Partizipative Ansätze haben bereits eine lange Entwicklung hinter sich und umfassen ein breites Spektrum, das etwa über parlamentarische Anhörungsrechte bis zur speziellen Bürgerbeteiligung bei der Genehmigung von Industrieanlagen reicht, obgleich sich in den letzten Jahren eine Tendenz zur erneuten Einschränkung dieser Kapazitäten feststellen läßt. Das Modell der Bürgerinitiative ist beispielsweise, bei allen Beschränkungen, immer noch geeignet, gemeinsame Interessen zu formulieren und sich für die Durchsetzung bestimmter Rechte zeitlich begrenzt zusammenzuschließen. Allerdings sind hier nach wie vor die zu späte Öffnung für Bürgerinitiativen im Vorfeld institutioneller Entscheidungen, mangelnde Vetorechte und eine grundsätzliche fehlende Entwicklung partizipativer Alltagsroutinen sowie deren systematische Einbeziehung in Entscheidungsprozesse zu beklagen.[265]

Die Erfahrungen mit diesen praktizierten Formen der Bürgerbeteiligung sind entsprechend ambivalent. Das Engagement bei Verletzung oder Umgehung von Umweltgesetzen, die Forderung nach größerer Transparenz staatlich-administrativen Handelns und unter Umständen sogar die Verhinderung von Fehlentwicklungen bei konkreten Projekten sind unbestritten positiv. Auf der anderen Seite ist die Beteiligung oftmals auf die Abwehr nicht gewollter Entscheidungen konzentriert und in der Folge wenig konstruktiv bei der tatsächlichen

---

[264] Vgl. Huber, 1991, S. 63.
[265] Vgl. Jänicke, 1996, S. 40.

Problemlösung. Beteiligung, die sich nur in bloßer Abwehr und juristischer Gegenwehr erschöpft, verkehrt letztlich ihren eigentlichen Sinn. Es entsteht das sogenannte Not-in-my-backyard-(NIMBY)-Syndrom als „...a response to an inherent imbalance in the distribution of any project's benefits and costs."[266] Das Ergebnis sind umweltpolitische Blockadesituationen, die deutlich machen, daß „no suitable democratic process has been devised that can effectively mesh society's collective needs with those of individuals and localities."[267]

Die Verfahren unter dem Oberbegriff der alternativen Konfliktlösung (Alternative Dispute Resolution) wurden als Reaktion auf diese Situation seit Mitte der siebziger Jahre zuerst in den USA entwickelt und praktiziert.[268] Sie sind als Ergänzung zu den traditionellen Entscheidungsverfahren gedacht und werden insbesondere bei umweltpolitischen Konflikten angewandt. ADR-Verfahren werden als alternativ bezeichnet, weil sie auf der freiwilligen Teilnahme der sich im Konflikt befindenden Parteien beruhen, diese sich ihre Verfahrensregeln und -ziele selbst geben und etwaige Ergebnisse nicht von vornherein bindend sind. Kommt es zu keiner Übereinkunft, besteht immer noch die Möglichkeit, die Parteien den konventionellen Entscheidungsverfahren zu unterwerfen.
Im Gegensatz zu den üblichen „Decide-Announce-Defend-Verfahren", bei welchen Betroffene erst in der letzten Phase der Entscheidung und dann nur in Form von Widerstand reagieren können, werden diese hier bereits zu Beginn in alle Phasen der Problembearbeitung einbezogen.[269] Es geht um eine gemeinsame Problemlösung, die in einem durchdachten Verhandlungsprozeß im Konsens erzielt werden soll und deren Implementation ebenfalls mit den Beteiligten beraten wird. Das etwaige Verhandlungsergebnis beendet also nicht die Entscheidungssituation, sondern es schließt sich eine Vollzugs- oder Nachverhandlungsphase an, bei der es etwa um die entsprechenden Kontrollmechanismen für die Überwachung des Vollzugs geht. Das Verfahren findet hier die gleiche Beachtung wie der Konfliktinhalt mit der ausdrücklichen Gewichtung auf die Kriterien der Effizienz wie der Zeit- und Kosteneffektivität, und unterscheidet sich damit von den herkömmlichen Formen der Bürgerbeteiligung. Alternative Konfliktlösung basiert auf der Vorstellung einer umfassenden demokratischen Kompetenz des Bürgers als Grundsatz, da gemeinsame Problemlösung nur über das Repräsentationsprinzip, also über geordnete Verfahren der Beteiligung,

---

[266] Mazmanian/Morell, 1994, S. 234.
[267] ebenda, 1994, S. 240.
[268] Stellvertretend für die sehr umfangreiche Literatur über ADR-Verfahren ist das Standardwerk von Susskind/Cruikshank, 1987 zu nennen.
[269] Vgl. Zilleßen, 1993, S. 89f.

wirksam werden kann.[270] Ähnlich den Vorstellungen von Barber bezüglich einer starkdemokratischen Gesellschaft wird mit den Verfahren der ADR die Herausforderung einer notwendigen Verstärkung der staatsbürgerlichen Infrastruktur aufgegriffen und angenommen. Durch die sinnvolle Beteiligung an Entscheidungen, die das Leben der einzelnen Bürger berühren, wird ihr Verantwortungsgefühl gestärkt und geschlossene Kompromisse werden mitgetragen. Derartige Erfahrungen wirken entsprechend erziehend, tragen zur Informationsgewinnung bei und produzieren neuen Informationsbedarf. In diesem Sinne sind sie wichtige Elemente und Voraussetzungen für eine demokratische politische Kultur.

Auch der mündige, kompetente Bürger wird sich freilich nicht permanent engagieren. Die Ergebnisse der Demokratietheorie haben die entsprechenden Restriktionen deutlich werden lassen. Dennoch geht es hier um die Erfahrung, konkret und bemerkbaren Einfluß ausüben zu können und solcherart ermuntert zu werden, sich grundsätzlich am politischen Willensbildungsprozeß zu beteiligen. Eine echte Beteiligung, wie sie vielerorten etwa bei der Umsetzung der lokalen Agenda 21 zumindest theoretisch vorgesehen ist, fördert solche Erfahrungen.
Eine zukunftsfähige Umweltpolitik beruht auf einer Kultur der Auseinandersetzung, auf der einen Seite um Alternativen, auf der anderen Seite aber zuvorderst um den Modus des prozeßhaften Aushandelns selbst.[271] Die Verfahren der ADR entsprechen diesem grundlegenden Aspekt.

Der Oberbegriff der ADR-Verfahren umfaßt verschiedene Formen von Verhandlungen und Vermittlungen, etwa bindende und nicht-bindende Schlichtungen oder Verhandlungen mit und ohne Unterstützung durch einen unparteiischen Dritten, insbesondere aber auch das schon erwähnte Verfahren der Mediation.
Für komplexere Umweltkonflikte hat sich dieser Verfahrenstyp, basierend auf Erfahrungen aus den USA, als besonders geeignet erwiesen.[272] Er ist als Vermittlungsverfahren gedacht, welches die Möglichkeit eröffnet, auf dem Verhandlungsweg unter Mitwirkung eines neutralen Vermittlers (Mediator) eine für alle Beteiligten akzeptable Lösung zu finden. Der Mediator kann außerdem gegebenenfalls Vertreter der Interessen nicht einbeziehbarer Gruppen, etwa zukünftige Generationen, benennen. Die Zusammensetzung der Beteiligten umfaßt zudem Repräsentanten der Wirtschaft und trägt damit der Einsicht Rechnung, daß die Erarbeitung praktikabler Lösungen für den Umweltschutz

---

[270] Vgl. Zilleßen/Barbian, 1992, S. 16.
[271] Vgl. Szelenyi, 1996, S. 65.
[272] Einen genauen Überblick über Kennzeichen, Ablauf und Probleme von Mediationsverfahren als Gegenstand sozialwissenschaftlicher Umweltforschung gibt Zieschank, 1991, S. 27-51.

nicht ohne deren Mitwirkung zu erreichen ist. Idealtypisch kann ein solcher Austausch unterschiedlicher Meinungen und Positionen beispielsweise den Abbau lange vorherrschender Feindbildorientierungen und obsolet gewordener Dogmen fördern. Die verfolgte Strategie der kooperativen Problemlösung geht davon aus, daß unterschiedliche Positionen nicht zwingend unvereinbar sein müssen, denn „behind opposed positions lie shared and compatible interests, as well as conflicting ones."[273] Entscheidend aber ist Art und Stärke des inhaltlichen Konsenses, der etwa durch Kompensationen finanzieller oder sachlicher Art erreicht werden kann, und das daraus folgende Ausmaß der Akzeptanz. Hierin liegt der prinzipielle Vorteil konsensualer Ansätze. Bemerkenswert erscheint in diesem Zusammenhang auch die Rolle des Staates. Im Gegensatz zur traditionellen ordnungspolitischen, übergeordnet agierenden Instanz, ist er hier 'nur' gleichberechtigter Teilnehmer, der die Verhandlungen nicht dominiert.

Die bislang formalisierteste Variante der Mediationsverfahren ist die sogenannte Consultative.[274] Ursprünglich im Bereich des industriellen Projektmanagement entwickelt und angewendet, soll sie auch bei der politischen Behandlung von Sachproblemen als beratende Institution eingesetzt werden. Eine Consultative umfaßt an einem „runden" Tisch alle von einem Problem Betroffenen, alle an ihm Beteiligten und alle zum Gegenstand Sachkundigen. Schmid spricht von einer Verknüpfung von Autorität und Effizienz, und die fallspezifische und sachbezogene Einberufung einer Consultative soll außerdem die jeweils höchste Kompetenz gewährleisten.[275] Ob eine problemlose Umsetzung aus dem Projektmanagement der Wirtschaft in den Bereich des politischen Handelns möglich ist, bleibt abzuwarten.
Festzuhalten ist allerdings, daß auch Enquete-Kommissionen, die bisher diese beratende Funktion im parlamentarischen System übernehmen, nur begrenzt wirkungsvoll sind. Auch diese Kommissionen, die zu den unterschiedlichsten Themen jederzeit einberufen werden können, untersuchen einen Problembereich durch Aussprache mit Sachverständigen und beteiligten Personen. Sie sind als Untersuchungsausschuß zu verstehen, sichten und beschaffen Informationen zur Vorbereitung einer Gesetzgebung und sollen politische Zusammenhänge, Vorfälle oder Mißstände aufklären. Entscheidungen kann und soll eine Enquete-Kommission allerdings nicht fällen. Ihr Abschlußbericht enthält denn auch lediglich Erkenntnisse und langfristig relevante Handlungsempfehlungen, die sich in den verabschiedeten Gesetzesvorlagen nur zum Teil wiederfinden. Dennoch orientieren sich die gesellschaftlichen Akteure an ihren Vorstellungen und

---

[273] Fischer/Ury, 1981, S. 43.
[274] Vgl. Schmid, 1995, S. 138ff.
[275] Vgl. Schmid, 1996, S. 57.

Informationen über alternative Optionen und zukünftige Entwicklungsszenarien mit ihren Chancen und Risiken. Der Einfluß und die Legitimation von Enquete-Kommissionen gründen sich folglich zuvorderst auf ihren Beitrag, Probleme öffentlich transparent zu machen und Informationsrestriktionen entgegenzuwirken. Gegenwärtiger Mittelpunkt des Interesses sind die institutionellen Reformen für eine Politik der Nachhaltigkeit, welche in einer Ende 1996 von der Enquete-Kommission zum „Schutz des Menschen und der Umwelt" in Auftrag gegebenen Studie untersucht werden.[276] Ein Zwischenbericht ist Ende 1998 zu erwarten.
Eine zentrale Rolle spielt außerdem ihre Zusammensetzung, bei der die Unterrepräsentation von Vertretern ökologischer und sozialer Schutzinteressen sowie von wissenschaftlichen Skeptikern gegenüber traditionellen Fortschrittsklischees zu bemängeln ist.[277] Ob die Idee der Consultative diesen Mangel beheben kann, bleibt abzuwarten.

Die Basis der alternativen Konfliktvermittlungsverfahren ist die Defizitanalyse des bestehenden politisch-administrativen Systems und seiner Strukturen. Die dadurch, zumindest implizit, entstehende Erwartung, mit der Einführung der ADR-Verfahren zugleich eine wirksame Lösung der diagnostizierten Funktions- und Legitimationsschwächen anbieten zu können, kann sich durchaus als Überforderung eines zunächst einmal nur prozedural bestimmten Reformversuches erweisen.[278]
ADR-Verfahren als Verhandlungs- und Vermittlungsverfahren sind Grenzen gesetzt. Nicht alle Umweltkonflikte sind einer alternativen Konfliktregelung zugänglich. Bei grundsätzlichen Wertorientierungen oder der Berührung von grundlegenden Rechten, bei aussichtsreichen anderen prozeduralen oder institutionellen Einflußmöglichkeiten der Akteure oder bei hoher Mobilisierungsfähigkeit bezüglich der Öffentlichkeit, sind sie ungeeignet. Sie kommen überwiegend bei Problemfällen zum Einsatz, bei denen etablierte Instrumente nicht hinreichend sind und eine andere Lösung entweder nicht erzwungen werden kann oder nicht hingenommen wird. Ihr Erfolg hängt außerdem von einer Reihe von Voraussetzungen ab. Neben der grundsätzlichen Bereitschaft zur Problemlösung müssen die bestehenden Machtunterschiede zwischen den Beteiligten verringert oder in ihren Auswirkungen relativiert werden, um einem angestrebten Machtgleichgewicht näherzukommen. Eine solche Voraussetzung wird um so eher erfüllbar, je unvermeidlicher Verhandlungen sind, diesen eine Frist zur Entscheidung gesetzt ist, je genauer das Problem definiert und überhaupt verhandelbar ist, entscheidungsrelevante Informationen von allen geteilt werden

[276] Vgl. Deutscher Bundestag, 1997, S. 158.
[277] Vgl. Altner, 1988, S. 89.
[278] Vgl. Saretzki, 1997, S. 35.

und ein Ergebnis im Interesse aller Beteiligten ist.[279] Für das notwendige Vertrauen zwischen den Parteien ist es wichtig, daß sich diese als legitimierte Vertreter von Interessen anerkennen und auch, ob sie dann im Anschluß ihre Organisationen oder vertretenden Gruppen auf das Ergebnis festlegen können. Das ist gerade für Repräsentanten von Umweltschutzorganisationen nicht immer problemlos. Hinzu kommt, daß der Einsatz finanzieller oder sachlicher Kompensationen als „Tauschmittel" für die Erzielung eines Konsenses mit bestimmten Tabus belegt sein kann, und Verhandlungsspielräume folglich entsprechend eng gefaßt sind. Die finanziellen, aber auch psychischen Kosten zur Vorbereitung und Durchführung von ADR-Verfahren sind erheblich. In den USA werden sie hauptsächlich von Stiftungen getragen und nur zum Teil staatlich finanziert. In Deutschland ist das Verhältnis umgekehrt. Diesen Kosten steht nicht immer die Erzielung eines Gesamtkonsenses gegenüber, sondern oftmals nur Teilkompromisse.

Die Erfahrungen in Deutschland mit der Institutionalisierung und Professionalisierung dieser Verfahren sind gerade im Vergleich mit den USA relativ neu und bisher eher ambivalent.[280] Dennoch ist ein zunehmender Einsatz wahrscheinlich. In Ländern mit hohem Konfliktniveau sind sie eine Möglichkeit und Reaktion auf einen umweltpolitischen Entscheidungsnotstand, der zudem noch den Ansprüchen der repräsentativen Demokratie gerecht werden soll. Einem wachsenden Akzeptanzverlust traditioneller Entscheidungsverfahren, welche die Beteiligungserwartungen aufgrund einer grundlegend obrigkeitsstaatlichen Ausgestaltung etwa bei öffentlichen Anhörungen nicht erfüllen können, wird mit einem höheren Maß an Partizipation und der verstärkten Zunahme verhandlungs- und kooperationsbasierter Verfahren begegnet. Erkenntnisse über ihre Funktionsbedingungen, Partizipationspotentiale und die sozialen, rechtlichen und politischen Voraussetzungen werden noch weitere Untersuchungen erfordern.[281]

Die Begrenzung auf 'verhandlungsfähige' Interessenkonflikte in alternativen Konfliktvermittlungsverfahren hat bei einigen Problemlagen Vereinbarungen ermöglicht. Es stellt sich allerdings die Frage, wie mit 'Wertekonflikten', also etwa Umweltfragen, die über Standortdiskussionen hinausgehen oder Zukunftsfragen, umgegangen werden soll. Vom Anspruch, diese völlig auflösen zu können, ist Abstand zu nehmen. Hier kann es nur darum gehen, Verfahren

---

[279] Vgl. Zilleßen/Barbian, 1992, S. 20.
[280] Vgl. Fietkau/Weidner, 1997, S. 10.
[281] Zu diesen Zweck wurde beispielsweise 1992 an der Universität Oldenburg ein Mediatorzentrum für Umweltkonfliktforschung und Umweltmanagement gegründet.

schon im Vorfeld zu demokratisieren und auf eine möglichst breite Basis zu stellen. Ein Versuch in diese Richtung sind sogenannte Konsensus Konferenzen.

7.1.2 Konsensus Konferenzen und Laiensachverstand

Neben den Verfahren der alternativen Konfliktlösung, die bereits eine breite Diskussion in den verschiedenen gesellschaftlichen Bereichen ausgelöst haben, stehen noch andere bei uns weniger bekannte Möglichkeiten, wie beispielsweise die Einbeziehung von Laiensachverstand auf Konsensus Konferenzen, am Beginn ihrer Entwicklung. Diese sind exemplarisch für neue Wege bei der Bürgerbeteiligung in technologiepolitischen Fragen, wie sie etwa von Dänemark und den Niederlanden gerade gegangen werden.[282] Dahinter steht die Absicht, 'nichtverhandelbare' Wertekonflikte in und mit der Öffentlichkeit zumindest zu diskutieren.

Konsensus Konferenzen sind Veranstaltungen, auf denen eine Gruppe ausgewählter interessierter Laien, die über die Schaltung von Anzeigen rekrutiert wurden, mit Experten Fragen neuer Technologien diskutiert. Im Gegensatz zu statistischen Stichproben, die eine mehr oder weniger repräsentative Volksmeinung abbilden, wendet sich der gewählte Anzeigenmodus an zu spezifischen Konfliktlagen konkret Interessierte. Dabei kann es um so unterschiedliche Themen wie gentechnisch veränderte Nutzpflanzen oder zukünftige Formen des Privatverkehrs gehen. Dort gewonnene Einsichten werden von den Laien in einer Art Bürgergutachten zusammengefaßt und den politisch Verantwortlichen sowie der Öffentlichkeit übergeben. Die Organisation solcher Konferenzen wird von Institutionen übernommen, welche die nationalen Parlamente in Fragen der Technikfolgenabschätzung beraten, also vergleichbar sind mit dem Büro für Technikfolgenabschätzung beim Deutschen Bundestag. Diese verstehen sich auch hier als strikt neutrale Berater bei Vorbereitung und Durchführung. Im Gegensatz zu den Formen der Bürgerbeteiligung im Rahmen von Planfeststellungsverfahren oder zu Mediationsverfahren stehen bei Konsensus Konferenzen das Wissen und die Bewertung von Laien, die nicht als unmittelbar Betroffene oder als Interessenvertreter fungieren, im Mittelpunkt. Eine solcherart initiierte öffentliche Debatte über das entsprechende technologiepolitische Thema kann dann zur politischen Willensbildung beitragen. Die Einbeziehung von Laiensachverstand als „zweite Form des Wissens"[283] kann Unverständnis oder auch nur Unbehagen thematisieren und auf bisher nicht berücksichtigte Folgeaspekte hinweisen. Eine

---

[282] Vgl. Hennen, 1996, S. 44f.
[283] Vgl. Busch-Lüty, 1995, S. 197f.

möglich gewordene Artikulation von Unverständnis berührt außerdem den Aspekt der Überwindung unterschiedlicher Sprach- und Interpretationsbarrieren. Fachsprache soll nicht als Methode zum Ausschluß öffentlicher Wertvorstellungen oder der anderer Wissenschaften benutzt werden.

Dieser 'basisdemokratische' Ansatz in der Technologiepolitik ist freilich nicht unumstritten. Ob allerdings tatsächlich die Gefahr einer Substitution parlamentarischer Willensbildungsprozesse durch ein „Miniplebiszit" besteht, darf bezweifelt werden.[284] Es geht lediglich um die Einführung einer neuen, „allgemeinen" Perspektive und den Versuch einer Repräsentation der über diesen Prozeß der Meinungsbildung „aufgeklärten Öffentlichkeit" im Entscheidungsprozeß. Die Frage nach der Legitimation von Konsensus Konferenzen soll durch die Anregung einer wirklichen öffentlichen Diskussion zu dem jeweiligen Thema und durch die Anbindung an parlamentarische Institutionen, also den Bezug auf Entscheidungen, beantwortet werden. Laienkonferenzen können bei sorgfältiger und unparteiischer Durchführung durchaus überraschende Bewertungen und politische Optionen hervorbringen und deutlich machen. Etwaige Ergebnisse unterliegen weder einem letztgültigen Wahrheitsanspruch, noch werden sie technologiepolitische Kontroversen beenden. In jedem Falle aber eröffnen sie eine neue Möglichkeit der Rückbindung der Politik an die Öffentlichkeit.

Konsensuale Ansätze beschäftigen sich vornehmlich mit der Ermittlung eines inhaltlichen Konsenses bei Interessenkonflikten zwischen verschiedenen Parteien, um eine anschließende grundsätzliche Kooperation zu ermöglichen. Sie entsprechen der zunehmenden Einsicht, daß traditionelle Verfahren der Entscheidungsfindung im Umweltschutz ihre Grenzen in der vorhandenen oder nicht vorhandenen Akzeptanz der beteiligten und betroffenen gesellschaftlichen Gruppen haben. Die unterschiedlichen Formen und Ausprägungen konsensualer Ansätze demonstrieren den Versuch, diese Akzeptanz politischer Regelungen bei den Adressaten zu steigern, indem sie sie bei deren Aushandlung, Durchführung und Implementation beteiligen. Konsensuale Übereinkunft entspringt gemeinsamer Entscheidung und Arbeit, und beruht auf beständiger Partizipation der Bürger an einem Prozeß, in dem Konflikte im Idealfall durch Herstellung eines gemeinsamen Bewußtseins und durch politisches Urteilen transformiert werden.[285] Grundsätzlich muß aber als Hauptkriterium die Eignung des gewählten Verfahrens im Hinblick auf die Art der Konflikte überprüft werden. Die vorgestellten ADR-Verfahren und die Idee der Konsensus Konferenzen verdeutlichen dabei exemplarisch das Spektrum, welches sich von Verteilungs-

[284] Vgl. Hennen, 1996, S. 45.
[285] Vgl. Barber, 1994, S. 221.

und Interessenaspekten bis zu meinungspolarisierenden Werturteilen erstreckt. Basierend auf einer Kultur der Auseinandersetzung, geht es bei den erstgenannten hauptsächlich um die Suche nach Alternativen, bei letzteren um die Errichtung einer möglichst breiten Basis für Entscheidungen und damit vordringlich um den Modus des prozeßhaften Aushandelns selbst. Eine zukunftsfähige Umweltpolitik wird beiden Aspekten gerecht zu werden haben.

Der zweite Bereich neben der prozeduralen Modernisierung, der die Zukunfts- und Problemlösungsfähigkeit der Umweltpolitik betrifft, ist der der institutionellen Reformen und der Einführung neuer Institutionen politischer Kontrolle.

7.2 Institutionelle Reformen

Auswirkungen und Einfluß der unterschiedlichen Formen und Möglichkeiten von Bürgerbeteiligung lassen sich steigern, wenn diese institutionalisiert werden. Auch auf der institutionellen Ebene gilt es, die unterschiedlichen Konfliktarten zu beachten. Im folgenden sollen einige ausgewählte interessante Ansätze und konkrete Beispiele näher betrachtet werden. Dabei sind auch die Erfahrungen anderer Länder und Regionen von Bedeutung und hilfreich.

7.2.1 California Coastal Commission (CCC)

Ein bemerkenswertes Beispiel für die Institutionalisierung von Bürgerinteressen im Umweltschutzbereich ist die California Coastal Commission (CCC). Zuständig für die Flächennutzungsplanung an Kaliforniens Küste, wurde sie aufgrund intensiver öffentlicher Diskussionen und gegen den Widerstand der Industrie, respektive der Bau- und Ölindustrie, errichtet.[286] Ihre Einrichtung basiert auf einem entsprechenden Problemdruck, wie das zunehmende Tempo der Neubebauung, Zerstörung von Feuchtgebieten und die Privatisierung des Küstenstreifens, gegen die die Öffentlichkeit schließlich protestierte. Die Bevölkerung sah sich durch die lokalen Behörden, die sich wegen zu erwartender Steueraufkommen investorenfreundlich ohne Berücksichtigung einer übergreifenden Planung verhielten, nicht mehr angemessen vertreten. Die private Verfügung über Produktions- und Grundstückseigentum sollte in der Folge bestimmten Kriterien unterworfen werden. Diese Aufgabe sollte nach den Vorstellungen von Umweltschützern einer staatlichen Behörde, deren Befugnisse das gesamte

[286] Vgl. Rinken, 1989, S. 1.

kalifornische Küstengebiet samt den bundeseigenen Gewässern umfassen und die damit einen Gegensatz zu partikularen lokalen Instanzen darstellt, übertragen werden. Es ging also um die Initiierung eines Koordinationsversuches von 'verhandlungsfähigen' Interessenkonflikten.

Der Weg der CCC vom ursprünglichen Projekt ambitionierter Umweltschützer zu einer Behörde mit von den parlamentarischen Instanzen akzeptiertem Auftrag ist wegen der verschiedenen Formen partizipatorischer Politik bemerkenswert.
Auf Initiative der Umweltschutzbewegung beschlossen die Wähler Kaliforniens 1972 mit dem Volksentscheid 'Proposition 20' die zunächst auf vier Jahre befristete Einrichtung von „California Coastal Zone Conservation Commissions" (CZC) zur Planung und Regulierung der Küstenbebauung. Nach Ablauf der Frist und Auswertung der Erfahrungen erfolgte 1976 die unbefristete Konstituierung der Nachfolgebehörde „California Coastal Commission" (CCC).[287] Der Befund über bestimmte Bauprojekte ist nun über öffentliche Anhörungsverfahren geregelt.

Der Effektivität der Kommissionsarbeit sind freilich Grenzen gesetzt. So ist das Mitspracherecht der Kommission bei der Freigabe der für die Ölförderung nutzbaren Gebiete dergestalt eingeschränkt, daß ihre Entscheidungen vom Secretary of Commerce in Washington auf Antrag des interessierten Unternehmens überstimmt werden können. Die CCC hat folglich kein entsprechendes Projekt der Ölgesellschaften ablehnen können, immerhin aber Auflagen zur Verringerung der Umweltbelastungen aussprechen und erteilen können. Auch die Ablehnungsquote von Anträgen auf Baugenehmigungen ist stetig gesunken. Ob das allerdings daran liegt, daß die Kriterien der CCC mittlerweile bekannt sind und in der Folge dementsprechend weniger ablehnungswürdige Anträge gestellt werden, oder daran, daß keine Regulierung mehr stattfindet[288], ist umstritten.

Die Stabilität oder Instabilität von Regulierungspolitik liegt auch im Spannungsverhältnis zwischen verschiedenen Partizipationsformen und den Befugnissen zentraler Entscheidungsträger begründet.[289]
Bereits 1955 beobachtete Bernstein bestimmte Prozesse bei unabhängigen Regulierungskommissionen, die er als „cycles of decay"[290] beschrieb. Wenn die öffentliche Aufmerksamkeit, die zur Einrichtung einer Regulierungskommission gegen den Willen der zu Regulierenden geführt hatte, nachläßt, gewinnt deren

[287] Vgl. ebenda, S. 11.
[288] Vgl. Rosener/Gregersen, 1987, S. 100.
[289] Vgl. Rinken, 1989, S. 25.
[290] Vgl. Bernstein, 1955, S. 74ff.

Einflußnahme auf die Mitglieder der Kommission Gewicht und wird schließlich dominieren. Ist der Rückhalt der Kommission bei Bevölkerung und politischen Instanzen nicht solide und beständig aktualisierbar, wird diese dazu neigen, Konflikte zu minimieren und möglichst gute Beziehungen mit den regulierten Gruppen zu unterhalten[291], was wiederum zu einem zwangsläufigen Verfall ihrer Wirksamkeit führt. Ein ähnliches Verhalten ist aus der ökonomischen Theorie der Bürokratie bekannt.

So konnte auch die Einflußnahme renommierter Umweltverbände eine allmähliche Schwächung der Kommission durch Zugeständnisse des Parlaments an Vertreter einflußreicher Interessengruppen nicht verhindern. Diese sind zudem geschlossener organisiert und finanzstärker als Umweltschutzgruppen, und das, obwohl die Umweltbewegung in den USA ungleich professioneller arbeitet als die europäische. Das Gegengewicht einer aufmerksamen Öffentlichkeit in Form aktiver Bürgerbeteiligung war nicht mehr in ausreichendem Maße gegeben, da die Aufgabe des Küstenschutzes und die laufende Kontrolle der Siedlungsentwicklung durch die Fortexistenz der CCC als gelöst betrachtet wurde und einer nunmehr institutionalisierten Behörde übertragen werden konnte. Dieses Ergebnis entspricht der These, daß individueller Partizipation lediglich eine temporäre Hilfsfunktion für den im Parlament konzentrierten Gesetzgebungsprozeß zukommen kann, kaum aber die Funktion einer langfristigen Kontrolle über administrative Gesetzesimplementation.[292]

Ein weiteres Problem liegt in der engen Bindung der CCC an die politischen Akteure von Parlament und Regierung, welche keineswegs einen ausreichenden Schutz gegen das Nachlassen ihrer Wirksamkeit gewährleistet. Hier steht die grundsätzliche Frage im Mittelpunkt, wie unabhängig administrative Instanzen von den als Zentren des politischen Systems konzipierten Institutionen legitimerweise sein dürfen und aus sachlichen Gründen sein sollten. Diese Bindung und die Art der Politikformulierung in den zentralen Institutionen des kalifornischen Regierungssystems setzen die rechtlichen, finanziellen und personellen Ressourcen der CCC einem beständigen Zugriff aus, und die in dieser Struktur angelegte Instabilität kollidiert in der Folge mit der Notwendigkeit eines langfristigen und kontinuierlichen Umweltschutzes. Umweltschützer diskutierten denn auch die Durchführung eines weiteren Volksentscheids, um ein jährliches fixes Budget für die CCC durchzusetzen und die Ernennung von Kommissionsmitgliedern an entsprechende Qualifikationskriterien zu binden sowie auf

---

[291] Vgl. ebenda, S. 88.
[292] Vgl. Rinken, 1989, S. 28f.

festgelegte Zeiträume anstelle des jetzt praktizierten Widerrufs vorzunehmen.[293] Das Vorhaben wurde allerdings nicht umgesetzt, da die Erfolgsaussichten zu gering waren. Nach Einschätzung von Experten läßt sich eine breite Öffentlichkeit nur durch als dramatisch erkennbaren Problemdruck zu einer mit der 'Proposition 20' vergleichbaren Initiative bewegen. Es ist außerdem anzunehmen, daß die „gegnerische" Seite auf einen erneuten Vorstoß gut vorbereitet wäre und die Bevölkerung für ihre Interessen mobilisieren könnte. Die CCC kann vor diesem Hintergrund nur versuchen, als Organisation zu überleben und dabei auf eine entsprechende Veränderung der politischen Rahmenbedingungen zu hoffen.

Es bleibt festzuhalten, daß dem ursprünglichen Ziel, 'verhandelbare' Interessenkonflikte aufzulösen, nur teilweise entsprochen werden konnte. Die Koordination lokaler Interessen erscheint durch die Errichtung einer übergeordneten Behörde erfolgreich, weniger erfolgreich war dagegen die Koordination sektoraler, also wirtschafts- und umweltspezifischer, Interessen.

Abseits der erkennbaren Ambivalenzen sind die besonderen Merkmale der kalifornischen Regulierungskommission bemerkenswert und in Ansätzen auch konstruktiv bei der Suche nach übertragbaren Konzepten für die hiesige Umweltpolitik.
Die Ebene der institutionellen Struktur umfaßt zum einen die plebiszitäre Komponente, die bei der Errichtung eine wesentliche Rolle gespielt hat. Hinzu kommt die Verkopplung von Planungs- und Regulierungsauftrag und eine solcherart angelegte Kompetenzstruktur der Kommission, welche die klassische Gewaltenteilung in diesem Bereich umgeht. Außerdem ist die CCC als Gremium konzipiert, in dem Vertreter der verschiedenen Regionen gemeinsam über gemeinsame Belange entscheiden. Die damit angesprochene und sich anschließende Ebene der entscheidungsbildenden Verfahren hat einige Ergebnisse deutlich machen können. So werden Entscheidungen der Regulierungskommission über öffentlichen Anhörungen als positiv gewertet. Dabei ist darauf zu achten, daß zwischen Umweltschutzorganisationen und anderen Vertretern ein Machtgleichgewicht angestrebt werden muß, insbesondere in Form rechtlicher Bedingungen wie Einspruchs- und Klagerechte. Schließlich ist die Erfahrung gemacht worden, daß die herkömmliche Trennung von Politik und Verwaltung kaum noch gegeben ist, und letztere in der Folge zunehmend wichtige Abwägungen und Entscheidungsprämissen selbst vornehmen muß. Diesem Umstand sollte entsprochen werden, indem Strukturen und Verfahren

---

[293] Vgl. ebenda, S. 34f.

administrativer Entscheidungsfindung unter demokratietheoretischen Gesichtspunkten neu überdacht werden.[294]

7.2.2 Volksabstimmungsverfahren als Institutionalisierung starkdemokratischer Entscheidungsprozesse

Ein anderes Beispiel für die Institutionalisierung von Bürgerinteressen ist die Verankerung von entsprechenden Institutionen wie die Volksinitiative, das Volksbegehren und der Volksentscheid in der geschriebenen Verfassung eines Landes, welche diesen Interessen Ausdruck verleihen, ihren Einfluß verstärken können und eine grundsätzliche Möglichkeit zur Partizipation anbieten. Im Konfliktfall geht es dabei in der Regel um einzelne, genau definierte Sachthemen. Volksabstimmungsverfahren sind in vielen Ländern bekannt und werden auf Länder- und Gemeindeebene bei spezifischen Themen in Abständen durchgeführt. Sie waren und sind in einigen Ländern von großer Wichtigkeit für die Demokratie, etwa in den USA, insbesondere aber in der Schweiz, wo sie bis heute das bevorzugte Verfahren staatlicher Gesetzgebung darstellen.[295]

Auch das Bundesland Brandenburg verfügt beispielsweise über eine Verfassung, die die genannten Institutionen in den entsprechenden Artikeln vorsieht und damit eine Bürgerbeteiligung bei Gesetzesvorhaben legitimiert. In den Verfassungsberatungen der neuen Bundesländer spielte die Frage, wieweit die repräsentative Struktur der Verfassungen durch Elemente direkter Demokratie ergänzt werden sollte, eine entscheidende Rolle. Das Ergebnis waren politische Mitwirkungs- und Beteiligungsrechte, die über die entsprechenden Rechte im Grundgesetz und in den meisten Verfassungen der alten Bundesländer hinausgehen.[296] Im Rahmen einer Volksinitiative (Art.76 LV) können dem Landtag bestimmte Gegenstände der politischen Willensbildung unterbreitet werden, sofern diese von mindestens 20.000 Einwohnern unterstützt und gewünscht werden. Das sich anschließende Volksbegehren (Art.77 LV) und der Volksentscheid (Art.78 LV) sind, jeweils mit einem entsprechend größeren Umfang an Stimmen, dann von Belang, wenn der Landtag auf eine Volksinitiative nicht reagiert hat. Andere Bundesländer sehen auf Länder- und Kommunalebene ähnliche Möglichkeiten vor.

Die Ausformung dieser „plebiszitären Elemente“ nicht nur der brandenburgischen Verfassung sind Gegenstand heftiger Diskussion. Zu viele Volksinitiativen, die

---

[294] Vgl. ebenda, S. 37f.

[295] Eine vergleichende Darstellung der Einrichtungen und Verfahren in den verschiedenen Ländern findet sich z.B. bei Möckli, 1994.

[296] Vgl. v.Brünneck/Epting, 1994, S. 340f.

den Landtag zu einer permanenten Abarbeitung zwingen, können zu dessen Überforderung und schließlich zum Stillstand der Regierungsarbeit führen. In diesem Sinne wird die festgeschriebene Vorgabe von „nur“ 20.000 Stimmen mitunter als bedenklich niedrig beurteilt.[297]
Neben der strittigen Frage der Höhe der Stimmenvorgabe werden von anderen Autoren Existenz und Berechtigung von Volksabstimmungsverfahren grundsätzlich in Frage gestellt. Eine repräsentative Demokratie ist keine direkte Demokratie und braucht den Volksentscheid nicht, da die Abgeordneten Vertreter des ganzen Volkes seien und weitreichende Entscheidungen nicht auf diesem Wege der Zufallsstimmung anvertraut werden könnten.[298] Hinter dieser ablehnenden Haltung stehen grundlegende Bedenken wegen einer potentiellen Manipulation der öffentlichen Meinung durch Eliten, wegen des Vorherrschens von Privatinteressen in den Abstimmungsprozessen und wegen der plebiszitären Gefahren direkter Gesetzgebung. In der Tat werden beispielsweise in den USA die Kampagnen über Volksentscheide mittlerweile von speziellen Firmen für entsprechend zahlungskräftige Kunden initiiert.[299]

Auch die Rolle der Medien ist in diesem Prozeß unbedingt zu beachten. Da ein Großteil unseres Wissens außerhalb der eigenen Erfahrungszusammenhänge direkt oder indirekt medienvermittelt ist, spiegelt das gewonnene Wissen notwendig auch die Struktur seiner Quelle wider.[300] Die so entstandene „Medienöffentlichkeit“ ist beispielsweise an die Katastrophenorientierung der medialen umweltspezifischen Darstellung gewöhnt und nimmt Informationen nur verzerrt, zumindest aber selektiv wahr. Die Ereignisorientierung der Medien macht langwierige und problematische Entwicklungen selbst kaum zum Gegenstand der Berichterstattung. Insbesondere der Umweltjournalismus ist damit weitgehend reaktiv, kann jedoch eine erhebliche Wirkung beim sogenannten „Agenda Setting“, also der Fähigkeit bestimmte Themen anhaltend ins öffentliche Bewußtsein zu rücken, entfalten.[301] Ökologische Mißstände werden dabei oftmals mit eindeutigen Schuldzuweisungen an ein nicht näher analysiertes System transportiert, wobei meist sowohl der politische Prozeß als auch der Beitrag des einzelnen zum Umweltproblem eine „black box“ bleiben, also ausgeklammert werden. Auf der anderen Seite tragen die Medien unbestritten auch zur Entwicklung von Umweltbewußtsein bei und schaffen jene

---

[297] Vgl. Der Tagesspiegel vom 9.6.1992, S. 2. Focus, 37/1997, S. 58, diskutiert ebenfalls über die Argumente für und gegen höhere Hürden für Bürgerentscheide.
[298] Vgl. Geier, 1983, S. 82f.
[299] Vgl. Rinken, 1989, S. 34.
[300] Vgl. Stenger, 1990, S. 193f.
[301] Vgl. Müller, 1997, S. 383.

Öffentlichkeit, die Druck auf das politische System erzeugen kann. Festzuhalten bleibt, daß die öffentliche Meinung eine der wichtigsten Machtressourcen der Umweltpolitik ist. Sie wird entscheidend von den Medien beeinflußt und kann damit in der Folge auch „fehlinformiert" und manipuliert werden.

Es ist allerdings die Frage, ob der durchaus gegebenen Gefahr der Einflußnahmen und etwaigen Manipulation durch Medien oder Eliten derart begegnet werden kann, daß man die potentiell manipulierbare Öffentlichkeit generell aus dem demokratischen Prozeß heraushält. Zweckmäßiger und vorstellbar sind dagegen Kontrollen, etwa Volksabstimmungsverfahren, die in zwei durch eine Beratungs- und Diskussionszeit voneinander getrennten Abstimmungsphasen verlaufen, und die Ergebnisse des ersten Wahlgangs einer erneuten Wertung unterziehen. Eine zügige Gesetzgebung mag damit kaum möglich sein, die Durchsetzung des Willens von 'zufälligen' Mehrheiten oder mächtiger Eliten ohne ausgedehnte Beratungen und Debatten allerdings auch nicht. Öffentliches Sprechen und politisches Urteil meint keineswegs plebiszitäre Launenhaftigkeit.

Kritiker, die auf eine hochtechnologisierte und komplexe Welt verweisen und deshalb eine latent uninformierte wie unvernünftige Öffentlichkeit und ihre direkte Beteiligung für nicht möglich und wünschenswert halten, sollten sich an die eigentliche Funktion von Volksabstimmungsverfahren erinnern. Diese besteht ausdrücklich darin, die öffentliche Wirkung dessen zu beurteilen, was als Wissenschaft oder Wahrheit gilt. Dabei geht es nicht zuvorderst um Sachkenntnis. Auch der gewählte Gesetzgeber wird komplexe Sachverhalte so wenig umfassend durchdringen können wie der durchschnittliche Wähler, wohl aber können und werden beide ihre Urteilskraft einsetzen, wenn es gilt, Wahlmöglichkeiten im Hinblick auf ihre Wertprioritäten einzuschätzen und zu beurteilen.[302]

Allerdings muß Abschied von der Vorstellung genommen werden, ein System durch den Einbau „plebiszitärer Elemente" derart demokratischer gestalten zu können, daß dadurch eher der „wahre Wille des ganzen Volkes" die Politik bestimmen würde. Es ist bereits deutlich geworden, daß eine Gesellschaft kein Subjekt mit einem einheitlichen Willen ist. Auch hier haben sich Minderheiten Mehrheiten zu beugen, und es gibt kaum Grund für die Annahme, daß der Wille der Mehrheit a priori rationaler und moralischer ist, als der der Minderheit. Viele Verfassungen der westlichen Länder sehen denn auch zumindest auf Bundesebene gegen eine allzu schnelle und direkte Exekution des Mehrheitswillens entsprechende Restriktionen vor. Das Grundgesetz ist, bis auf wenige Aus-

[302] Vgl. Barber, 1994, S. 268.

nahmen, auch aufgrund historischer Erfahrungen nach wie vor von direktdemokratischer Abstinenz bestimmt.[303]

Die Antithese zwischen repräsentativer und plebiszitärer oder direkter Demokratie ist dennoch eher irreführend, denn es findet sich in heutigen Demokratien ein Ineinanderwirken beider Elemente.[304] Politikinstrumente direkter Demokratie sind institutionell gefaßte Politikinstrumente innerhalb der repräsentativen Demokratie. Dabei ist sowohl von übergroßen Hoffnungen in die Institutionalisierung direktdemokratischer Politikinstrumente und ihre Handhabung, als auch von ihrer Vorstellung als Instrumente der Erosion demokratisch-rechtsstaatlicher Gesellschaften abzusehen. Werden die „plebiszitären Elemente“ verantwortungsbewußt und sparsam eingesetzt, können sie sowohl Bürgerbeteiligung als auch Regierungsverantwortung steigern und zu einer Bereicherung des Staatslebens beitragen. Sie stellen ein beständiges Instrument in jenem Prozeß dar, der Bürger zu Staatsbürgern macht und geben dem allgemeinen Gespräch die notwendige Realitäts- und Machtbezogenheit, um wirksam zu sein.[305] Allerdings ist ihre Relevanz dergestalt begrenzt, daß sie sich prinzipiell auf einzelne, ausgewählte Sachthemen beziehen, und sich damit sowohl ihrer Struktur als auch ihren Funktionen nach von Wahlen als politische Verfahrensregelungen unterscheiden.[306] Sie sind damit eher als Warn- und Thematisierungsinitiativen zu interpretieren. Auch führt praktizierte direkte Demokratie nicht generell zu einer Erhöhung der politischen Partizipation, wohl aber zu einer weniger gefestigten politischen Elite. Zu beachten ist außerdem die Ebene der Entscheidungsfindung. Volksabstimmungsverfahren auf kommunaler Ebene sind leichter zu organisieren und das Partizipationsinteresse wird entsprechend höher sein. Die Neigung zu kommunaler Partizipation wiederum kann lokale Egoismen erzeugen.

Bei der Ergänzung der repräsentativen Demokratie durch direktdemokratische Institutionen sind ähnliche Voraussetzungen notwendig wie bei den konsensualen Ansätzen. Ebenso wie diese Institutionen selbst einer genauen Regelung bedürfen, muß gleiches auch für das Umfeld, beispielsweise bezüglich Offenlegungsbestimmungen, und die Verteilung der Ressourcen, die angemessene Partizipationschancen für alle beteiligten Gruppen ermöglichen sollen, definiert werden.

---

[303] Eine differenzierte Analyse dieser Problematik bietet Schiffers, 1996, S. 349ff.
[304] Vgl. Möckli, 1994, S. 372.
[305] Vgl. Barber, 1994, S. 261.
[306] Vgl. Luthardt, 1997, S. 16.

Demokratie, respektive direkte Demokratie in Form von Volksabstimmungsverfahren, stellt hohe Anforderungen an den einzelnen Bürger, und ihre Qualität kann sich nicht ausschließlich in der Existenz ihrer Institutionen erschöpfen. Auch wenn nicht Sachkompetenz in jeder Frage erlangt werden kann, so muß doch eine grundlegende Urteilsfähigkeit, Informiertheit und Mündigkeit vorausgesetzt werden. Für eine derartige Kompetenzenerweiterung ist neben politischer Bildungsarbeit wenig so hilfreich, lehrreich und motivierend wie persönliche Betroffenheit.[307] Diese Einsicht bildet die Basis für Bürgerinitiativen, Umweltschutzbewegungen, konsensuale Ansätze und Volksabstimmungsverfahren.

7.2.3 Institutionen politischer Kontrolle

Neben dem Problembereich der direkten und konkreten Institutionalisierung von Bürgerinteressen besteht im repräsentativen Regierungssystem das Problem der 'strukturellen Verantwortungslosigkeit'[308] bezüglich der langfristigen Folgen von (umwelt)politischen Entscheidungen. Diese wird auch begünstigt durch den Abstand der Wahlperioden, über den viel diskutiert worden ist. Er darf nicht zu kurz sein, um politisches Leben und Arbeit nicht den Bedingungen eines permanenten Wahlkampfes zu unterwerfen und nicht zu lang, damit sich eine lange im Amt befindliche Regierung nicht allzu weit von den im Volk vorhandenen Präferenzen, Interessen und Meinungen entfernen kann. Ob es einen optimalen Abstand der Wahlperioden gibt und dieser erreicht und umgesetzt werden kann, muß offenbleiben. Was versucht werden kann, ist eine größere strukturelle Verantwortung durch die Einführung neuer Institutionen politischer Kontrolle herzustellen.

Auf regionaler oder kommunaler Ebene gibt es bereits Beispiele. In den USA etwa wird diesem Versuch mit der Einrichtung eines Public Intervenor in Wisconsin schon seit einiger Zeit entsprochen.[309] Dieser ist bemüht, die allgemeinen, langfristigen und insbesondere die Interessen der Umwelt zu vertreten sowie in administrative Entscheidungs- und Genehmigungsverfahren einzubringen. Er vertritt außerdem die Interessen derjenigen, die keinen Einfluß auf die Verfahren haben, obwohl sie von den Ergebnissen betroffen werden. Die Kompetenzen des Public Intervenor erstrecken sich über Eingriffsmöglichkeiten in administrative Verfahren, über die er durch die Verwaltung in gesetzlich

---

[307] Vgl. Guggenberger, 1984b, S. 214f.

[308] Vgl. Böhret, 1987, S. 8.

[309] Vgl. Dubois/Christensen, 1977, S. 10ff.

geregelten Fällen informiert werden muß, beinhalten die Befragung von Gutachtern und Zeugen und gehen bis zu einer möglichen Klage bei Gericht. Österreich bietet ein ganz ähnliches Beispiel mit der Institution des Umweltanwalts auf Landesebene.[310] Auch hier geht es um einen Beitrag zur Verbesserung administrativer umweltrelevanter Entscheidungsverfahren, um tendenziell vernachlässigte Umweltbelange und die Koordination und Einbringung von Betroffeneninteressen eher zu berücksichtigen. Der Umweltanwalt verfügt über die gleichen Kompetenzen und Informationszugangsrechte wie der Public Intervenor, unterliegt allerdings einem Verhältnismäßigkeitsgebot durch die notwendige Abwägung ‘anderer’ Interessen und ist außerdem organisatorisch ein Teil der Verwaltung mit innerdienstlicher Weisungsgebundenheit, in fachlicher Hinsicht dagegen weisungsfrei.[311] Die personelle und materielle Ausstattung der Umweltanwaltschaft ist zudem bislang bescheiden. Seine Institutionalisierung und die damit verbundenen Innovationsimpulse für Entscheidungsverfahren werden dennoch grundsätzlich positiv und als ein Beitrag zur Lösung von Umweltkonflikten beurteilt.[312] Die mit dieser Institution intendierte Idee eines ‘gerechteren’ Ausgleichs zwischen den involvierten Bereichen und Interessen entspricht dem internationalen Trend der durch die Umweltproblematik hervorgerufenen Lösungsansätze, und könnte auch für die Bundesrepublik interessant sein.

Die institutionelle Einführung größerer struktureller Verantwortung abseits der Regional- oder Kommunalebene ist dagegen ein ungleich schwierigerer Bereich. Eine entsprechende Notwendigkeit mag unbestritten sein, diesbezügliche Ansätze sind es nicht. Die alte Frage nach der Kraft der Ideen im politischen Körper[313] wird mit unterschiedlichen Vorschlägen zu beantworten versucht. Diesen Vorschlägen zugrunde liegt die Ansicht, daß für die Umweltproblematik keine Institution existiert, welche zuverlässig sicherstellt, daß grundsätzliche und langfristige Fragen der Gesellschaft Gegenstand der politischen Tagesordnung sind und diese außerdem öffentlich diskutiert und mitentschieden werden.[314] Dazu zählt auch die Repräsentation der Interessen zukünftiger Generationen. In der weiteren Diskussion geht es dann oftmals zunächst um die Notwendigkeit, bestehende Institutionen, wie das Umweltministerium, durch entsprechende Vetorechte vergleichbar denen des Finanzministeriums zu stärken.[315] Ein derartiges Vetorecht würde allerdings fundamental in die derzeitige Machtvertei-

---

[310] Vgl. z.B. Zwanzig, 1986.
[311] Vgl. Barbian, 1992, S. 190.
[312] Vgl. Zwanzig, 1986, S. 394.
[313] Vgl. Jonas, 1979, S. 56.
[314] Vgl. Zilleßen, 1993, S. 88.
[315] Vgl. Bosselmann, 1994, S. 66.

lung auch gegenüber Planungen anderer Ministerien eingreifen und ist daher kaum zu erwarten. Vorstellbar wäre jedoch die Zubilligung eines aufschiebenden Vetorechts, das zu einer erneuten Überprüfung und eventuellen Revision des ursprünglichen Vorhabens führen könnte,[316] bei einer gleichzeitigen Ökologisierung der traditionellen Ressorts. Grundlage für diesen strukturellen Umbau von Administration und Gesetzen ist das Erheben des Umweltschutzes in den Rang eines verfassungsmäßigen Staatsziels.

Andere Vorschläge setzten sich mit der Einrichtung neuer Institutionen politischer Kontrolle auseinander, welche bei grundlegenden und langfristig wirkenden Entscheidungen ebenfalls das Recht eines aufschiebenden Vetos besitzen sollen. Die Ideen umfassen die Schaffung eines Ökologischen Rates als eine Art Oberhaus, der ökologische Weisheit mit demokratischer Mehrheitsfindung vereint[317], unabhängige Umweltzentralen, die beispielsweise über diejenigen umweltpolitischen Instrumente befinden könnten, die wie Zertifikate im politischen Wettbewerb kaum durchzusetzen sind[318], bis hin zur Einführung eines Umwelt-Sicherheitsrates der Vereinten Nationen oder einer globalen Umweltbehörde als zentrale Träger einer globalen Umweltpolitik.[319] Es gibt bezüglich des globalen Rahmens auch weiterführende Vorschläge, wie 'Grünhelm-Missionen' zur Sicherung des Friedens und der natürlichen Lebensgrundlagen, oder gar ein ökologisches Gewaltmonopol der Vereinten Nationen, welches eine schnelle Eingreiftruppe der Weltökologie durchsetzen soll. Dafür fehlt freilich bisher sowohl eine völkerrechtliche Grundlage, als auch ein entsprechendes Gremium.[320]

Diese Vorschläge sind nicht unumstritten. Es ist durchaus fraglich, ob ein Ökologischer Rat unabhängigen Sachverstand und demokratische Legitimation gleichermaßen sicherstellen könnte. Die zu erwartenden hohen Anpassungslasten bei der Verfolgung des Umwelt- und Nachhaltigkeitsziels durch einen Ökologischen Rat werden vermutlich bei den Adressaten einen ebenso hohen Anreiz zur Beeinflussung der Politik einer solchen unabhängigen Institution erzeugen. Ähnliches gilt für eine unabhängige Umweltzentrale. Ihre Aufgabe und Funktion soll vergleichbar sein mit denen bereits bestehender unabhängiger, durch die Verfassung legitimierte und gebundene Institutionen wie die Zentralbank oder das Bundesverfassungsgericht. Die Erfahrung zeigt allerdings, daß sich deren Leistungsmöglichkeiten vornehmlich darauf gründen, daß die

---

[316] Vgl. Leipert, 1995, S. 170.
[317] Vgl. Bahro, 1989, S. 490ff.
[318] Vgl. Kurz/Volkert/Helbig, 1996, S. 151.
[319] Vgl. Rennings/Brockmann/Koschel/Kühn, 1996, S. 252f.
[320] Vgl. Brendel, 1993, S. 13.

entsprechenden Ziele klar zu definieren sind. Ob eine derartige klare Zielformulierung, etwa die Bewahrung eines konstanten Umweltkapitalstocks, im Bereich der Umweltpolitik möglich ist, ist fraglich.[321] Umweltprobleme mit einer globalen Struktur erfordern unbestritten eine Lösung im globalen Rahmen. Ob das aber auch bedeutet, daß dem Nationalstaat wirtschafts- und ökologiepolitische Gestaltungskompetenz entwachsen ist und diese notwendigerweise einer zentralen globalen Organisation in Form einer eigenständigen Behörde zukommen muß, bleibt zweifelhaft. Die Orientierung am Äquivalenzprinzip, dem zufolge Probleme auf der Ebene ihres Auftretens behandelt werden sollen, ist hier ein Maßstab für die institutionelle Ausgestaltung von umweltpolitischen Kompetenzen. Ein anderer ist das Subsidiaritätsprinzip, nach dem einer Regelung auf höherer Ebene nicht bedarf, was auf unterer Ebene besser geregelt werden kann. Die funktionale Stärkung supranationaler und globaler Strukturen muß nicht und sollte auch nicht zu einer Schwächung von lokalen und regionalen Strukturen führen, wie von Umweltschutzgruppen oft befürchtet wird. Beide Prinzipien sind relevante, zu beachtende Determinanten der ökologiepolitischen Institutionenbildung.[322]

Ein weiterer Vorschlag zielt auf die Möglichkeit der direkten Intervention thematischer Einzelanliegen im parlamentarischen Prozeß.

Soziale Bewegungen und respektive Umweltschutzbewegungen entstehen aufgrund eines entsprechenden (ökologischen) Problemdrucks. Von ihnen kam daher auch der erste Anstoß zum Nachdenken über mangelnde Problemlösungskompetenz bestehender politischer Systeme und ihrer geringen strukturellen Verantwortung bezüglich langfristiger Entscheidungen. Umweltschutzbewegungen können dagegen Bürgeranliegen mit der gebotenen Konsequenz zu ihren eigenen machen, Betroffene vertreten, hohe Sachkompetenz für spezifische Problembereiche erwerben, und diese dann offen und mitunter auch subversiv ohne Rücksicht auf Sonderinteressen in der Öffentlichkeit artikulieren. Allerdings waren sie bisher nicht in der Lage, ihr Wissen und ihre konkurrierende strategische Kompetenz in politische Macht umzusetzen. Massarrat sieht daher in der Einrichtung von Dritten Kammern für den professionalisierten Teil von Umweltschutzbewegungen, die Nichtregierungsorganisationen (NROs, englisch Non-Governmental-Organizations, NGOs), einen wesentlichen Baustein für notwendige Reformen.[323]

Denkbar wäre ein entsprechendes Recht der NROs auf Gesetzesinitiativen und eine Einspruchskompetenz gegenüber vom Parlament beschlossenen Gesetzen,

[321] Vgl. Vaubel, 1996, S. 171.
[322] Vgl. Loske, 1996, S. 55f.
[323] Vgl. Massarrat, 1996, S. 49f.

beides verfassungsmäßig garantiert und thematisch eingegrenzt. Themenspezifische Dritte Kammern neben Parlament und Bundesrat könnten wichtige, nicht nur umweltpolitische Fragestellungen aufgreifen und die Partizipation relevanter Gruppen am politischen Willensbildungs- und Entscheidungsprozeß jenseits gängiger Parteien- und Verbändestrukturen ermöglichen.[324] Die Aufgabe dieses Verfassungsorgans liegt in der etwaigen Fehlerkorrektur politischer Vorhaben und in der Erhöhung des Legitimationsdrucks von existentiellen Entscheidungen, soll dabei aber ausdrücklich nicht das parlamentarische System oder das Prinzip der gesellschaftlichen Konsensbildung ersetzen.

Dritte Kammern wären bezüglich einiger defizitärer Bereiche des bestehenden politischen Systems von Vorteil. Motivation und Eigeninitiative der Bürger für ein Mitwirken bei der Lösung von gesellschaftlichen Problemen, die sie unmittelbar betreffen, könnten über die Möglichkeit der Beteiligung an Entscheidungen entsprechend gestärkt werden. Eine solche Konstruktion könnte außerdem das Dilemma der Entscheidung auflösen, wenn etwa Wähler sich bei einem Zielkonflikt zwischen einer politischen Partei und einem Einzelanliegen für das eine oder das andere entscheiden müssen. Massarrat nennt als Beispiel, daß konservative Gegner der Atomenergie nicht mehr gezwungen wären, „grün" zu wählen, da ihre Opposition in dieser Frage unabhängig von ihrer Parteiorientierung durch die Dritte Kammer zum Ausdruck kommen würde.[325] Zudem wird der Entscheidungskompetenz und -macht staatlicher Experten die Kompetenz der NROs als Konkurrenz zur Seite gestellt, so daß erstere ihre Handlungen und Entscheidungen einer erheblich kritischeren gesellschaftlichen Instanz gegenüber zu rechtfertigen hätten. In diesem Punkt und in ihrer Dauerhaftigkeit unterscheidet sich diese Partizipationsform von Volksabstimmungsverfahren, welche die grundsätzlichen Probleme der parlamentarischen Entscheidungsfindung, etwa staatliche Expertenmacht, kaum aufheben können.

Bei der Einrichtung von Dritten Kammern gilt allerdings auch der Umkehrschluß, nämlich die Gefahr der Bildung eines entsprechenden Expertentums und hierarchischer Machtstrukturen innerhalb der NROs. Ungleich grundlegendere Einwände und Fragen bestehen dagegen bezüglich der Verfahrensregeln, die die Repräsentation und Legitimation der Kammerangehörigen absichern. Es gilt zu klären, nach welchen Kriterien die Konstitution der Kammer und die Auswahl der Repräsentanten der NROs zustande kommen sollen, und wie Möglichkeiten des Mißbrauchs zu verhindern sind. Eine praktikable Lösung und damit ein überzeugender Vorschlag zur Einrichtung einer solchen Institution, die

[324] Vgl. ebenda, S. 51f.
[325] Vgl. ebenda, S. 52.

Langzeitverantwortung in ansonsten kurzfristig orientierten demokratischen Entscheidungsprozessen übernehmen könnte, existiert bislang nicht. Die Defizite der mangelnden demokratischen Legitimation und etwaige überzogene Vorstellungen bezüglich der fachlichen Kompetenz eines derartigen Organs, sind zu bedenken.[326]

Dennoch sind gerade die NROs im Hinblick auf die institutionelle und prozedurale Modernisierung der Demokratie im Zeichen der Umweltproblematik von besonderer Wichtigkeit. Von ihnen gingen bisher entscheidende Anstöße für notwendige Reformen der politischen Systeme bis zur Wahrnehmung und Diskussion neuer Themenschwerpunkte und gesellschaftlicher Veränderungen aus. Es ist zu vermuten, daß sich die Bedeutung von sozialen Bewegungen und NROs in einem von Interesseneliten und Verbänden, globalen Krisen und Wachstumsgrenzen geprägten System zukünftig noch verstärken wird.

7.3 Die Rolle und der Einfluß von Nichtregierungsorganisationen (NROs)

NROs als der professionalisierte Teil sozialer Bewegungen sind nach traditionellem Verständnis nichtstaatliche, nicht gewinnorientierte Gruppen, die eine bestimmte, im öffentlichen Interesse liegende Zielsetzung verfolgen. Diese Zielsetzung muß nicht unbedingt im Widerspruch zu den verfolgten Zielen ihrer Regierung stehen. Industrie- und Handelsorganisationen sowie andere, von privaten Interessen geleitete Organisationen sind nach diesem Verständnis nicht unter den Begriff subsumierbar. Die wachsende Bedeutung sozialer Bewegungen und der NROs bei der Suche nach Lösungskonzepten manifestiert sich auch in der Anerkennung, die ihnen bei internationalen Konferenzen, aber auch in der Berichterstattung der Medien entgegengebracht wird. So konnten sich die NROs bei der Konferenz der Vereinten Nationen für Umwelt und Entwicklung (UNCED) in Rio de Janeiro 1992 erstmals einen formellen Zugang verschaffen, und die Konferenzdokumente, respektive die Agenda 21 der UNCED, sehen neue Partizipationsmöglichkeiten für sie vor. Im 'magischen Dreieck' aus NRO-Engagement, medialer Resonanz und öffentlicher Aufmerksamkeit wurden die Grundlagen dafür geschaffen. Der US-Außenstaatssekretär Wirth sieht in der Auseinandersetzung mit den zahlreichen NROs und dem von ihnen ausgeübten Druck zur Dezentralisierung von Politik den Politikstil der Zukunft.[327]

---

[326] Vgl. Rennings/Brockmann/Koschel/Kühn, 1996, S. 271.
[327] Vgl. Wirth, 1995, S. 8.

Eine Hauptaufgabe der NROs ist die Einforderung umfassenderer Demokratisierung nationaler und internationaler Politik. Die vorangegangenen Abschnitte haben gezeigt, daß die Funktionsfähigkeit der Demokratie von einer Vielzahl von Faktoren abhängig ist. Unabdingbar ist in diesem Zusammenhang die Transparenzerhöhung politischer Entscheidungsprozesse und die damit initiierte gesellschaftliche Rückbindung von politischer Macht. Will die Öffentlichkeit ihre Kontrollfunktion wahrnehmen, müssen politische Entscheidungswege und Verfahren transparent gemacht werden und die entsprechenden Informationen verfügbar sein. Die NROs spielen bei dieser Schaffung von Transparenz durch die Information und Aufklärung der Öffentlichkeit über diese Prozesse eine zentrale Rolle. Es entsteht eine „Gegenöffentlichkeit". Hinzu kommt, daß diese Leistungen innerhalb der NROs nicht durch einen restriktiven Verwaltungsapparat, der eine Konzentration auf ihre originären Funktionen abschwächen könnte, behindert werden. Neben der Kompetenzerweiterung der Öffentlichkeit tragen NROs zur zusätzlichen Kontrolle der Implementation vereinbarter Maßnahmen bei und mahnen deren Umsetzung an, wenn diese verzögert werden. Eine kompetente Öffentlichkeit ist auch hier wichtig. Deren Aufklärung ist somit nicht allein als ein Beitrag zur Demokratisierung von Politik zu sehen, sie ist auch eine der wichtigsten Funktionen, die NROs zur Lösung von Problemen ausüben, da durch die Öffentlichkeit Druck auf politische Entscheidungsträger erzeugt werden kann, bestimmte Themen und deren Bearbeitung voranzutreiben.[328]

Das Potential von NROs umfaßt außerdem die Möglichkeit, bestimmte Praktiken oder Vorfälle über öffentlichkeitswirksame Kampagnen bekannt zu machen, und diese eventuell auch durch den persönlichen Einsatz von Aktivisten zu bekämpfen. In der Konsequenz stehen damit gleichzeitig Regierungen unter Anklage, ihrer Fürsorgepflicht gegenüber den Bürgern nicht nachgekommen zu sein. Gerade große und bekannte NROs werden dabei bemüht sein, für ihre Kampagnen symbolträchtige Themen auszuwählen, von denen angenommen werden kann, daß sich die Menschen von ihnen angesprochen fühlen. Auf die Gefahr, daß eine entsprechende Auswahl diffuse Umweltängste auslösen könnte und die Rangfolge der wahrgenommenen Risiken nicht unbedingt der Rangfolge der tatsächlichen, aber nur schwer vermittelbaren Risiken entsprechen muß, sei am Rande verwiesen. Die Auswahl der Themen geschieht also nicht willkürlich, sondern gründet sich zu einem wesentlichen Teil auf der vermuteten Akzeptanz in der Öffentlichkeit und verdeutlicht, daß NROs, auch ohne demokratisch verfaßte Legitimation, nicht unabhängig von bedeutenden gesellschaftlichen Interessenlagen agieren.

---

[328] Vgl. Schmidt/Take, 1997, S. 16.

An diesem letzten Punkt, der mangelnden Legitimität, setzt allerdings die Kritik an. Tatsächlich fehlen Ermächtigung wie Kontrolle der NROs durch die Gesellschaft und damit eine solcherart geschaffene gesamtgesellschaftliche Legitimation sowie ein entsprechendes Mandat. Legitimieren muß sich und seine Aktivitäten, wer kollektiv bindende Entscheidungen trifft, und in diesem Sinne geht es vor allem um die Frage nach den Bedingungen, unter denen diese Entscheidungen legitim sind. Die Legitimität einer Staatsgewalt stützt sich zu gleichen Teilen auf Grundnormen wie allgemein geteilte Werte, auf konstitutive Verfahren der Entscheidungsbildung und auf die Anerkennung durch die Bürger, und es ist die Frage, inwiefern auch NROs diesen Kriterien genügen müssen.[329] Es könnte darauf verwiesen werden, daß eine NRO, solange sie sich als eine von vielen Interessengruppen im Rahmen des Gesetzes bewegt, der gesamtgesellschaftlichen Legitimation nicht bedarf, da sie keine kollektiv bindenden Entscheidungen treffen kann und darf, sondern nur ihre Interessen gegenüber der Staatsgewalt oder anderen Organisationen vertritt. Allerdings ist hier das Ausmaß des Einflusses von NROs zu beachten, und eine Grenze ist dort erreicht, wo sich das Vorfeld der unverbindlichen Entscheidungsvorbereitung vom eigentlichen Forum der verbindlichen Entscheidungsfindung nicht mehr genau unterscheiden läßt.[330] Freilich erinnert spätestens die ökonomische Theorie der Interessengruppen daran, daß diese Grenze fließend ist. Besonders problematisch ist dieser Umstand bei einer direkten Einflußnahme auf internationale Entscheidungen und einer Umgehung nationalstaatlicher Instanzen, deren Souveränität bezüglich politischer Entscheidungen durch internationale Vereinbarungen ohnehin bereits geschwächt ist.

Weitere Kritikpunkte betreffen das innerorganisatorische Legitimationsdefizit einiger NROs und die mangelnden internen Mitbestimmungsmöglichkeiten für ihre Mitglieder. Zu nennen ist hier exemplarisch Greenpeace, denen dieser Vorwurf oft gemacht wurde, und bei denen die Auseinandersetzung um diese Frage schließlich Anfang der achtziger Jahre zu einer Abspaltung der Gruppe Robin Wood von Greenpeace führte. Geschäftsführer Bode argumentiert dagegen, daß konfrontative Verbände in ihren Strukturen und Organisationsabläufen flexibel, effektiv und denen der Industrie nicht unähnlich sein müssen, um erfolgreich zu sein.[331] Diese Frage bleibt, gerade auch bezüglich einer

[329] Vgl. Beisheim, 1997, S. 21f.
[330] Vgl. Mayer-Tasch, 1985, S. 100.
[331] „Es gibt gute Gründe anzunehmen, daß demokratische Organisationsformen wie Mehrheitsentscheidungen in Fachgremien sowie die unbeschränkte Zulassung von Vereinsmitgliedern diese Effektivität entscheidend hemmen würden. Eine klare hierarchische Entscheidungsstruktur macht Greenpeace nicht undemokratisch, ebensowenig wie das bei Presse, Fernsehen oder privaten Unternehmen der Fall ist.“ Bode, 1995, S. 122.

moralischen Bewertung, umstritten, und kann zu kontraproduktiven Interessendivergenzen zwischen Vorstand und Basis führen. Die Durchsetzung von Ideen kann beispielsweise an hierarchischen Entscheidungsstrukturen scheitern. Umgekehrt ist die Gefahr einer eingeschränkten Durchsetzungsmacht der NRO-Führung gegenüber ihren Mitgliedern zu beachten. Aber auch hier gilt genauso, daß NROs im Gegensatz zu politischen Parteien ihre programmatischen Vorstellungen nicht in autoritative Entscheidungen umsetzen können. In der Folge ist auch keine gesonderte Legitimation nötig, ebensowenig wie eine verbindlich vorgeschriebene interne Organisation, solange sie im Rahmen der rechtlichen Bestimmungen agieren.

Eine andere Frage ist dagegen das Überschreiten des rechtlichen Rahmens in Form von Regelverletzungen und Aktionen zivilen Ungehorsams. Tatsächlich kann dann ein hohes Maß an Einfluß von Organisationen, die zwar populär, aber niemandem als sich selbst und den Gesetzen, die zu brechen sie im Einzelfall aber für legitim halten, verpflichtet sind, entsprechend fragwürdig sein. Der politisch-gesellschaftliche Disput ist freilich auch in der Vergangenheit nicht nur auf Parteien und Parlamente beschränkt gewesen, und öffentlich ausgetragene „morality plays" um die Kernfragen der Gesellschaft sind keine Erfindung von Greenpeace.[332] Dazu kommt, daß auch eine bewußte Regelverletzung in Form zivilen Ungehorsams bestimmten Kriterien genügen muß, um noch als legitim wahrgenommen zu werden. Grundrechte werden dabei durch solche Aktivitäten normalerweise ohnehin nicht verletzt; täten sie dies, würden sie zu Recht verboten. Eine Aktion zivilen Ungehorsams sollte ausgerichtet sein auf die Vertretung allgemeiner und existentieller Interessen, welche durch die eventuelle Irreversibilität der diese Interessen berührenden und daher durch die Aktion kritisierten Entscheidungen bedroht sind. Aussichtsreiche legale Einflußnahme sollte zuvor erschöpft sein und die Aktion sollte einen auf die Öffentlichkeit ausgerichteten symbolischen Charakter haben, zeitlich befristet sowie gewaltfrei sein, um nicht die Aktion, sondern die politische Symbolwirkung in den Mittelpunkt zu stellen. Die Konsequenzen bewußter Regelverletzungen, mögliche rechtliche Sanktionen, sind zu akzeptieren, damit deutlich wird, daß die Rechtlichkeit als Grundlage des Zusammenlebens nicht in Frage gestellt wird.[333] Ziviler Ungehorsam kann eingeordnet werden zwischen legitimer Opposition und verfassungsrechtlich nicht mehr legitimierbarer Rebellion, wobei die Opposition,

---

Altmann/Fritzler fragen dagegen:„Kann sich eine Umweltorganisation wirklich derart undemokratische Entscheidungsstrukturen leisten, ohne ihr Selbstverständnis und ihre Tradition zu verletzen ?" Altmann/Fritzler, 1995, S. 156.

[332] Vgl. Bittorf, 1995, S. 137.

[333] Vgl. Beisheim, 1997, S. 25.

wie Preuß formuliert, ein Geschöpf der Legalität ist und an deren Legitimität teilnimmt, Rebellion dagegen auf eben jene Legitimität abzielt, indem sie die Legitimität der politischen Ordnung bekämpft und sich in der Folge an deren Legalität, nämlich Gesetze, nicht gebunden fühlt.[334] Schutzgut der Rechtsprechung ist vor allem auch die Integrität des staatlichen Gewaltmonopols. Vor diesem Hintergrund sind derartige Aktionen zu bedenken, und jeder Bezug auf höhere, jenseits des Grundgesetzes liegende Rechtfertigungen erscheint äußerst fragwürdig.

Auch wenn hinsichtlich der klassischen Tätigkeiten der Interessenartikulation legitimatorische Defizite bei den NROs eine geringere Rolle spielen mögen, erscheint es dennoch darüber hinaus angeraten, sich mit dieser Frage auseinanderzusetzen, da ihre Einflußnahme auf verbindliche Entscheidungsfindungen national wie international wächst. Man könnte beispielsweise das Problem der Anerkennung auch in eine Frage der Effektivität umdefinieren und versuchen, sich über Leistungen zu legitimieren.[335] NROs erbringen als Interessengruppen besondere Leistungen, indem sie etwa auf externe Effekte wirtschaftlicher Tätigkeit und mangelnde staatliche Maßnahmen aufmerksam machen, und Industrie wie Regierung zu Lösungsvorschlägen anhalten. Sie sind bemüht, Politikern und Bürgern alternative Informationen zur Verfügung zu stellen oder lokale Projekte zu unterstützen. Gerade diese Leistungen und das Potential an Unabhängigkeit, Flexibilität und Bürgernähe zeichnen NROs aus. Die bisherige Diskussion hat deutlich gemacht, daß sie über diese Leistungen zur Demokratisierung wie zum Legitimationsprozeß der politischen Ordnung beitragen. Umgekehrt läßt sich ihre Legitimität steigern über das Recht und die Möglichkeit der Bürger, sich ihrer als Mittel zu bedienen, in der Öffentlichkeit und gegenüber der Regierung auf ihre Präferenzen hinzuweisen. Die dafür bestehenden Verfahren der Entscheidungsfindung können entsprechende Defizite aufweisen, so daß die Legitimationsstrategie der NROs hier ansetzen und sich auf eine mutmaßliche Mehrheitsposition der Betroffenen berufen könnte. Allerdings ist zu beachten, daß damit das Mehrheitsprinzip der repräsentativen Demokratie und die erforderlichen Mehrheitsfindungsprozeduren der formallegalen Willensbildung umgangen werden. Die Politik würde sich in der Folge auf eine Art transzendente Legitimation gründen und sich nicht mehr durch ausgewiesene und diskutierte Verfahren rechtfertigen, eben weil sie die demokratisch legitimierten Institutionen nicht passieren muß.[336] Abgesehen von der unbeantworteten Frage, wer denn über die höhere Legitimation entscheidet, darf

[334] Vgl. Preuß, 1984, S. 28.
[335] Vgl. Beisheim, 1997, S. 25f.
[336] Vgl. Die Zeit vom 22.9.1995, S. 12.

bezweifelt werden, ob eine derartige Politik ratsam ist. Eine solche Legitimationsstrategie erscheint also wenig erfolgversprechend.

Dennoch hat die Unzufriedenheit mit den Unzulänglichkeiten bestehender Verfahren und die sich daraus ergebende Forderung nach ergänzender demokratischer Partizipation zur Entstehung von NROs entscheidend beigetragen. Die gesellschaftliche Unterstützung insbesondere für Umwelt-NROs, wie sie sich etwa in Umfragen oder in konkreten Mitgliederzahlen manifestiert, ist denn auch als der zentrale legitimierende Faktor zu bezeichnen. Die Gesellschaft stellt ihnen außerdem entsprechende Machtmittel zur Verfügung, etwa mit Spenden oder mit der Unterstützung spezieller Boykottaktionen, aber auch mit Glaubwürdigkeitskredit und Definitionsmacht. Eine derartige ständige gesellschaftliche Kontrolle durch die Öffentlichkeit hat ebenfalls eine legitimierende Wirkung.[337] Auch bei den Prozessen der Politikfindung im internationalen Rahmen gelten sie als ein potentieller Legitimationsfaktor und korrektives Element für supranationale Institutionen. Die Agenda 21 soll beispielsweise zu einem Aktionsprogramm für eine stärkere NRO-Partizipation werden und dadurch auch die NROs auf internationaler Ebene formal stärker legitimieren.[338] Umgekehrt können internationale Konventionen und Vereinbarungen, die schon ursprünglich zumeist nur auf Druck von NROs zustande kamen, diesen eine entsprechende „Legitimationsplattform" bieten, wenn sie gesellschaftlichen Druck in unterschiedlicher Form ausüben und damit einen Beitrag zur Implementation staatlich legalisierter Politik leisten. Die Frage nach der Legitimität von NROs könnte also vereinfacht formuliert so beantwortet werden, daß Legitimität vorhanden ist, solange es ihnen gelingt, die Gesellschaft zu überzeugen, daß ihr Bestehen und ihre Leistung notwendig und die bestmögliche ist, um eine effektive Umweltpolitik zu erreichen. In diesem Sinne können erbrachte Leistungen dann sowohl die eigene Legitimität als auch die nationaler und internationaler Politik stärken.

Aus den genannten Argumenten leiten nicht nur die NROs, sondern auch Vertreter der Wissenschaft und internationaler Institutionen die Forderung nach einem offiziellen Partizipationsstatus mit entsprechenden Stimm- oder auch Vetorechten für NROs als gesellschaftliche Akteure ab.[339] Ein solcher Partizipationsstatus birgt unterschiedliche Implikationen und ist keineswegs unumstritten.

---

[337] Vgl. Beisheim, 1997, S. 27.
[338] Vgl. Martens, 1992, S. 153.
[339] Vgl. Schmidt/Take, 1997, S. 15.

Neben den Problemen der Legitimation ist beispielsweise auf internationaler Ebene aufgrund ihrer großen Zahl schon aus organisatorischen Gründen eine Auswahl zu treffen. Die Kriterien für ein Auswahlverfahren aus der Menge der NROs, die dann letztlich an Sitzungen teilnehmen und sich äußern dürfen, sind zu definieren und sollten nicht den politischen Kalkülen der Regierungsvertreter unterworfen sein. Innerhalb des Kreises derer, die teilnehmen und sich Gehör verschaffen wollen, spielen außerdem eine ungleiche Ressourcenverteilung zwischen den NROs des Nordens und denen des Südens sowie entsprechende Abhängigkeiten eine nicht unerhebliche Rolle.[340] Die einen subventionieren die anderen und entscheiden damit auch über Auswahl und Präsenz bei Konferenzen. Zudem ist mit einem offiziellen Partizipationsstatus die Übernahme von Verantwortung für das Zustandekommen politischer Entscheidungen verbunden und in der Folge auch das Eingehen von Kompromissen unumgänglich. Es ist wahrscheinlich, daß ein solches Konsensgebot die ursprüngliche Kritikfähigkeit von NROs und ihre konsequente, unabhängige Vertretung öffentlicher Interessen entsprechend einschränken würde. Sie befinden sich ohnehin schon in dem Dilemma, eine deutliche Abgrenzung zwischen Staatspolitik und Wirtschaftshandeln darstellen und vornehmen zu müssen, auf der anderen Seite jedoch auf die Formulierung anschlußfähiger Themenstellungen als Voraussetzung für unterstützende Förderung angewiesen zu sein. Im Bemühen um offizielle Anerkennung und Förderung kann die kritische Distanz verloren gehen.

Im Rahmen der betrachteten Chancen und Risiken bleibt die Frage offen, ob ein institutionalisierter Partizipativstatus für NROs überhaupt ratsam erscheint. Ihr „moralisches Charisma", das ihnen als konfrontative, kritikfähige Verbände zugesprochen wird, ginge auf diese Weise vermutlich verloren. Darüber hinaus ist anzunehmen, daß ihr Beitrag zur Demokratisierung im nationalen wie internationalen Rahmen und zu Problemlösungsansätzen unter den genannten Restriktionen zumindest nicht mehr in diesem Maße zu leisten sein wird. Mit ihrem Selbstverständnis, ihrem Einfluß und ihren Strukturen sind NROs damit an einem Wendepunkt angekommen. Bewußtseinsbildung und Aufklärung der Öffentlichkeit scheinen erfolgreich gelungen, nun ist ihr spontaneistischer Teil der Gefahr ausgesetzt, politisch zu resignieren, während ihr professionalisierter Teil nach Möglichkeiten sucht, über die Lobbyarbeit bei den Mandatsträgern politischer Parteien hinaus ihre eigenen politischen Handlungsspielräume zu erweitern.[341] Bode will sich bei Greenpeace beispielsweise künftig besonders um Bereiche wie Führungs- und Managementprobleme, Bürokratieaufwand und mangelnde Qualitätskontrolle bei Kampagnen bemühen und berührt damit Fragen,

---

[340] Vgl. Moßmann, 1997, S. 38ff.
[341] Vgl. Massarrat, 1996, S. 50.

die bei vielen NROs noch mit einem Tabu belegt sind.[342] Institutionalisierung und Professionalisierung bergen bekannte Risiken wie Bürokratisierung, Verkrustung, Verlust von Initiative und Emphase auf den unteren Ebenen und die Tendenz zur Stärkung der eigenen Organisation zu Lasten der Sache. Daneben werden zukünftig nicht nur bei Greenpeace grundlegende Richtungsfragen bezüglich Konfrontations- oder Kooperationsbestrebungen mit Staat, Wirtschaft und anderen gesellschaftlichen Gruppen zu klären sein. Wie breit hier das Spektrum ist zeigen etwa radikale Umweltschutzgruppen wie Earth First!, die sich als Anwälte der Natur verstehen und sich des umstrittenen Mittels der „Ökotage“, der ökologischen Sabotage, bedienen, um umweltzerstörende Projekte zu blockieren oder zu verhindern.[343] Kooperation zwischen diesen Gruppen und etablierten Umweltorganisationen findet aufgrund illegaler Praktiken, Radikalität und unterschiedlicher Zielvorstellungen kaum statt. Die gleichen Gründe verhindern ebenso jede Kooperation mit dem politisch-administrativen System.

Aufgrund des breiten Spektrums ist für eine Bewertung von NROs und ihr Verhältnis zu anderen gesellschaftlichen Akteuren eine differenzierte Betrachtung jeder einzelnen Organisation hinsichtlich ihrer Mitgliederstrukturen, Interessen, Programme, spezifischen Zwänge, Abhängigkeiten, Finanzierung und Kooperationspartner notwendig. Idealisierte Vorstellungen sind dabei nicht hilfreich. Auch die, an anderer Stelle bereits problematisierte, Rolle der Medien ist zu hinterfragen. Ihr Beitrag zur öffentlichen Überhöhung des NRO-Phänomens und ihrer Postulierung als 'dritte Kraft zwischen Markt und Staat' haben mit dazu geführt, daß diese nicht nur verstärkt wahrgenommen, sondern mitunter auch mit einem Problemlösungsautomatismus, einer Stärkung der Politik von unten, der Demokratisierung der internationalen Beziehungen oder der internationalen Zivilgesellschaft gleichgesetzt werden.[344] Die Konsequenz ist ihre Überforderung. Politik ist mehr als die Gründung einer NRO, die Teilnahme an internationalen Konferenzen und das Taktieren mit Mächtigen.[345] Es muß sich noch herausstellen, „whether the NGOs maintain their autonomy vis a vis those governments and whether participation means a two way kind of (partial) cooperation or a one sided instrumentalization of NGOs by governments.“[346] Die Aufnahme von NRO-

[342] Vgl. Bode, 1995, S. 124. Wie notwendig eine solche Auseinandersetzung mit diesen Problemen ist, zeigt die derzeitige schwere Krise, in der sich Greenpeace auch international befindet. Erschwerend kommen bestimmte Rahmenbedingungen, wie eine abnehmende Priorität des Themas Umweltschutz in der Öffentlichkeit und den Medien, hinzu. Vgl. Stern, 44/1997, S. 24ff.

[343] Vgl. natur, 5/1992, S. 54ff.

[344] Vgl. Brunnengräber, 1997, S. 13.

[345] Vgl. Peters, 1996, S. 28.

[346] Wahl, 1995, S. 55.

Vertretern in nationale Delegationen allein zu dem Zweck, die Legitimität der auf internationaler Ebene beschlossenen Vereinbarungen zu erhöhen, stellt beispielsweise eine solche Instrumentalisierung dar. Die Verantwortungsübertragung für originär staatliche Aufgaben mit dem Verweis auf Demokratisierung und Partizipation ist ein ähnliches Problem. Gegenwärtig ist festzustellen, daß „NGOs could influence the language of documents as long as „soft issues" and legally non binding declarations were concerned with splits of their own agenda. Their proposals had to fit into the range of positions also taken by at least some governments. Conceptual input was impossible. As soon as legally binding decisions (conventions on climate and biodiversity, the human rights charter) and „hard issues" (money, economic questions, military etc.) were discussed, NGO influence was blocked."[347] Dazu gehört auch, daß ihnen bisher der Zugang zu wichtigen informellen Verhandlungen und Treffen, oder etwa zur Welthandelsorganisation (WTO) mit ihren weitreichenden Beschlüssen, verwehrt ist.

Festzuhalten bleibt, daß der bereits errungene Zugang und der wachsende, tatsächlich aber immer noch eher geringe Einfluß von NROs nicht auf Einladung altruistisch oder moralisch motivierter Regierungen zustande gekommen ist. Beides gründet sich vielmehr auf eine profunde institutionelle und prozedurale Krise des bestehenden Systems mit einem nicht mehr hinreichenden Problemlösungspotential und einem sich wandelnden Staatsverständnis. Es ist wahrscheinlich, daß eine erfolgversprechende Zukunft in einer entsprechenden, allerdings noch zu definierenden und zu strukturierenden Kooperation liegt. Dabei werden sich politisch-administrative Systeme, zumal im internationalen Rahmen, mit der Frage auseinandersetzen müssen, wieviel tatsächliche Partizipation und damit auch Einfluß anderen gesellschaftlichen Akteuren auf konkrete Entscheidungsfindungen zugebilligt werden kann und soll. Die NROs wiederum müßten sich dann dem bisher nicht gelösten Problem stellen, daß „any binding agreement between governments and other actors would raise the issue of legitimacy, a hard question for NGOs. Membership NGOs „represent" their members, but they also have a constituency that goes far beyond their size."[348]

7.4 Der Staat als kooperativer Partner

Im Rahmen dieser Arbeit ist ein sich veränderndes Staatsverständnis deutlich geworden. Die Rolle des Staates als interessenneutraler Sachverwalter unter-

---

[347] ebenda, S. 56.
[348] Dalcero, 1995, S. 64.

schiedlicher Gemeinwohlinhalte wird in Frage gestellt, strukturelle Steuerungsdefizite des Staates und solche im Staate sind erkannt, und die Suche nach einem neuen Stil und neuen Formen staatlicher Problembearbeitung hat begonnen. Entscheidend ist in diesem Zusammenhang auch, daß die Abgrenzung der Staatssphäre gegenüber den verschiedenen nicht-staatlichen Bereichen zunehmend diffuser wird. Konstatiert wird in der Folge eine „Erschöpfung von Hierarchie als Ordnungsprinzip“[349], staatliche Politik wird als Führungsaufgabe betrachtet, welche einer Orientierungs-, Organisations-, Vermittlungs- und Moderationsfunktion gerecht werden muß[350], und die außerdem zum Zwecke ihrer Entlastung parastaatliche Verfahren der Kompromißbildung und der globalen Steuerung einrichten solle.[351]

Diesen Überlegungen zugrunde liegt eine grundsätzliche Ergänzung traditionell hoheitlicher Staatlichkeit um die eines kooperativen Staates, der wiederum auf die Kooperation anderer Handlungsträger im öffentlichen wie privaten Bereich angewiesen ist. Da diese nicht erzwungen sondern nur eingeworben werden kann, sind neue Handlungsformen und Verfahrensmodi erprobenswert und heranzuziehen. Ein kooperativer Staat sollte dabei über ein differenziertes, anpassungsfähiges, für Konsensbildungsprozesse offenes Instrumentarium der Steuerung verfügen, und diese Art der Steuerung ist unmittelbar auf soziale Integrationsmechanismen gerichtet, welche das Recht als gestaltende Macht zurücktreten lassen. Politik um Problemlösungen im internationalen wie im innergesellschaftlichen Rahmen, geschieht durch staatliche „Mitwirkung in pluralistischen, korporatistischen und intergouvernementalen Verhandlungssystemen, in transnationalen Regimen und in internationalen Organisationen.“[352] Es entstehen unterschiedlich intensive Verbundsysteme der Problembearbeitung. Nicht-staatliche Träger, beispielsweise Umweltschutzverbände, nehmen staatliche und quasi-staatliche Aufgaben wahr, bei denen aber der Staat ein Interesse daran hat, das entsprechende Handlungsfeld über positive Kooperation mitzugestalten. Seine Öffnung für immer mehr Aufgaben bewirkt, daß sich gesellschaftliche Gruppen organisieren, um Gruppeninteressen wirksamer durchsetzen zu können, und eine solche zunehmende Anspruchsdurchsetzung über den Staat hat wiederum direkte Auswirkungen auf Formen und Stile staatlicher Politikformulierung.[353] Vereinfacht formuliert wirken Staat und politisch-administratives System mit ihren Steuerungsmechanismen zunehmend zwischen Hierarchie und Kooperation,

---

[349] Wilke, 1987, S. 293.
[350] Vgl. Hesse, 1987, S. 71f.
[351] Vgl. Offe, 1987, S. 317.
[352] Scharpf, 1993, S. 165.
[353] Vgl. Fürst, 1987, S. 269f.

wobei beide in engem Zusammenhang stehen und keineswegs Alternativen darstellen. Jänicke konstatiert eine politische Umorientierung von der bürokratischen Detailregelung hin zu einer verstärkten Steuerung der Rahmenbedingungen, „von der Bürokratisierung der Problembearbeitung zu ihrer Vergesellschaftung unter Einfluß des Staates" oder von der zentralistischen zu eher dezentralen Problemlösungen inklusiver und partizipativer Art.[354] Der Staat mit seiner speziellen Legitimitätsstruktur soll dabei nicht aus der Verantwortung entlassen werden. Es geht also explizit nicht um einen Ersatz von Staat und staatlicher Steuerung, sondern darum, die Innovations- und Kreativitätspotentiale nicht-staatlicher Träger und ihrer Steuerungsansätze zu nutzen. Die Rolle und der Einfluß der NROs sind hierfür exemplarisch.

Vor dem Hintergrund einer Vielzahl von Themen und Problemlagen, die in fortgeschrittenen Demokratien kollektiv bindenden politischen Entscheidungen zugeführt werden, zeichnet sich demokratische Politik durch eine zunehmende thematische Ausdifferenzierung politischer Beteiligungs- und Entscheidungsformen um Parteien, Interessengruppen und Bewegungen aus. Diese Formen politischer Einflußnahme stehen in wechselseitiger Konkurrenz, verhalten sich aber auch komplementär zueinander. Die traditionellen Dichotomien zwischen partizipativer und repräsentativer Demokratie übersehen die Vielfalt demokratischer Prozesse, welche sich durch viele Projekte unterschiedlicher institutioneller Form entfalten.[355] Die vorgestellten Ideen, Ansätze und Verfahren, die den zugrundeliegenden Konfliktarten, Interessen- oder Wertekonflikte, gerecht zu werden versuchen, verdeutlichen das entsprechende Spektrum.

In der subjektiven Wahrnehmung von Problemlagen findet sich oftmals eine Dominanz des Verlangens nach einer Stärkung des plebiszitär-direktdemokratischen Elementes in demokratischen Verfassungen und politischer Praxis. Entstanden aus einer Defizitanalyse des bestehenden Problemlösungs- und Konfliktregelungssystems mit den herkömmlichen Verfahren, werden diese im Anschluß abgelehnt, mitunter ohne die differenzierte Problemlage demokratischer Entscheidungsaufgaben oder Zielkonflikte, die sich bei der Wahl zwischen alternativen Beteiligungsweisen ergeben können, zu berücksichtigen. Konsensuell ausgerichtete Demokratien sind in der Tat eher schwerfällig bei der Aufnahme neuer Herausforderungen und der Ausbildung innovativer Problemlösungen. Dennoch gilt es, angesichts der zwischen Politikbereichen variierenden Beteiligungs- und Entscheidungsmodi, mögliche Zielkonflikte und Folgeprobleme neuer demokratischer Designs nicht zu vernachlässigen. Neuerungen treffen auf

---

[354] Vgl. Jänicke, 1993, S. 70.
[355] Vgl. Kitschelt, 1996, S. 17.

einen vorstrukturierten politischen und rechtlichen Kontext und lassen vorhandene Kompetenzen und etablierte Akteurskonstellationen nicht unberührt. Die Tendenz zur Ausbildung differenzierter demokratischer Entscheidungsmuster bedeutet somit auch, keine übertriebenen Hoffnungen auf eine bestimmte Beteiligungsform zu richten.

Über den Staat als kooperativer Partner ist viel diskutiert worden, und der 'verhandelnde Staat' ist heute weitestgehend eine Realität. Die Komplementarität von Hierarchie und Kooperation ist dabei nicht unproblematisch. Zur Mehrheitslegitimation des hierarchisch intervenierenden Staates tritt durch politische Dezentralisierung, partizipative Mechanismen oder Verhandlungslösungen die neue Legitimationsformel der 'Konsenslegitimation', welche zu einer Relativierung ersterer führen kann. Knoepfel spricht sich daher für eine deutliche Unterscheidung und Gewichtung beider Legitimationssysteme aus, indem er die Legitimationsfunktion repräsentativ-demokratisch parlamentarischer Politik als primäre, diejenige des Zielgruppen- und Betroffenenkonsenses dagegen als sekundäre Legitimationsressource betrachtet.[356] Denn neben der Problematik des Mehrheitsprinzips repräsentativ-demokratischer oder direktdemokratischer Legitimation existiert die der 'Konsensfalle', die dazu führen kann, daß der Staat als Akteur von Gleichen unter Gleichen in Verhandlungen und Abmachungen die notwendige Autonomie verliert. Problematisch erscheint ein solcher Autonomieverlust gekoppelt mit einem Eingriffsverzicht zugunsten partizipativer Entscheidungsstrukturen auch im Hinblick auf den Schutzbedarf von Betroffenen. Es läßt sich einwenden, daß Selbstregulierungsmechanismen zwar die Partizipation der „Akteure" sicherstellen, nicht aber die der zunehmenden Gruppe der „Nicht-Akteure". Hinzu kommt, daß Verhandlungssysteme mit ihren etwaigen unkalkulierbaren gesellschaftlichen Interventionen gerade auch für Industrie und Unternehmen kaum berechenbar sind, und diese ihren Sicherheitsbedarf an stabilen Rahmenbedingungen folglich eher durch staatliche, weil kalkulierbarere Eingriffe gedeckt sehen.[357]

Dennoch besteht insbesondere bezüglich umweltpolitischer Entscheidungen ein hoher Bedarf an sekundärer Legitimation. Verhandlungssysteme, die Einbeziehung von NROs, institutionelle Reformen, alternative Konfliktbeilegungsprozesse und andere Möglichkeiten, die im Verlauf dieser Arbeit vorgestellt wurden, tragen zu einer umweltpolitischen Kapazitätssteigerung bei, erlauben Lernschübe unter den beteiligten Akteuren und können Informationsbarrieren und kommunikative Steuerungsprobleme überwinden helfen. Sie eröffnen Möglich-

---

[356] Vgl. Knoepfel, 1997, S. 158f.
[357] Vgl. ebenda, S. 161.

keiten für reale Politikinnovationen und haben deutliche Erfolge vorzuweisen. Grundsätzliche Zustimmung und die unbestrittene Notwendigkeit der Ergänzung von hoheitlicher Staatlichkeit um die eines kooperativen Staates schließen aber eine kritische Würdigung nicht aus.

8 SCHLUẞBETRACHTUNG

Die vorliegende Arbeit hatte sich zur Aufgabe gesetzt, den komplexen Bereich der Implementationsproblematik staatlicher Umweltpolitik näher zu untersuchen. In der umweltökonomischen Literatur wird über die grundsätzliche Anerkennung der Notwendigkeit einer staatlichen Instanz in diesem Bereich kaum hinausgeblickt. Das Hauptinteresse galt bisher der Entwicklung umweltökonomischer Instrumentenempfehlungen, deren mangelnde Umsetzung in die Praxis neben der nicht hinreichenden Befriedigung gesellschaftlicher Umweltqualitätsansprüche dann ohne weitergehende Hinterfragung von Gründen beklagt wird.

Aus diesem Anlaß war es wichtig, sich mit den politökonomischen Hintergründen praktischer Umweltpolitik auseinanderzusetzen und die umweltpolitischen Entscheidungsprozesse in einer repräsentativen Demokratie zu thematisieren. Hierfür wurden die grundlegenden Ansätze der Neuen Politischen Ökonomie (NPÖ) herangezogen, spezifisch erweitert und zueinander in Bezug gesetzt, um anhand von Verhaltensweisen der zentral beteiligten Akteure Zustandekommen, Ablauf und Ergebnisse umweltpolitischer Entscheidungsprozesse aufzeigen und erklären zu können. Dabei sind politische, bürokratische, wähler- und interessengruppenspezifische Rationalitäten, Undifferenziertheiten des Wahlverfahrens, abnehmende Wählersouveränität, diskretionäre Handlungsspielräume sowie sich daraus ergebende Machtkonstellationen identifiziert geworden. Mit diesem Wissen über politische Prozesse und die jeweiligen Interaktionsbeziehungen wird die bestehende Umweltpolitik mit ihren bisher überwiegend präferierten ordnungsrechtlichen Steuerungsformen erklärbar. Das erlangte Verständnis über diesen Bereich bildet die Basis für anzustrebende Veränderungen, da diese nur erfolgreich sein können, wenn zuvor reale Handlungsmöglichkeiten, Abhängigkeiten und Entscheidungsspielräume offengelegt und berücksichtigt werden. Die vorliegende Arbeit hat diesen Zusammenhang herausgearbeitet.
In Verbindung mit den politökonomischen Hintergründen lassen eine hohe Regelungsdichte und erhebliche Vollzugsdefizite sowie die Anmeldung wachsender Umweltqualitätsansprüche die Grenzen der praktizierten Umweltpolitik erkennen. Der entsprechende Innovationsdruck erschöpft sich allerdings noch zu einem Teil lediglich in deklamatorischer Befürwortung einer Ökonomisierung der Umweltpolitik.

Ein weiterer Hinweis auf erreichte Grenzen ist der Versuch einer Rahmensetzung künftiger Umweltpolitik mit Hilfe der Nachhaltigkeitsprämisse. Auch wenn hier noch kein stringentes, theoretisch fundiertes Konzept aufgrund fehlender Operationalisierung entwickelt werden konnte, lassen sich erste Erkenntnisse festhalten. So fordert auch die Idee der Nachhaltigkeit explizit den Primat der Politik ein und bekennt sich außerdem zu einer integrativen Betrachtung und Gewichtung von ökologischen, ökonomischen und sozialen Zielen. Dahinter steht die Einsicht, daß sich Umweltschutzziele keinesfalls gegen die Vorstellungen von Wirtschaft und Gesellschaft durchsetzen lassen und die Nachhaltigkeitsprämisse zudem eine Dominanz der Ökologie nicht vorsieht. Die Entscheidung, welche Interpretation von Nachhaltigkeit schließlich als Leitbild konkrete Veränderungen initiieren sollte, ist in hohem Maße eine gesellschaftspolitische und führte zu der grundlegenden Frage nach den angemessenen politischen Verfahren und Institutionen, durch welche Bewertungs- und Entscheidungsprozesse stattfinden und mithin zur Forderung nach einer Demokratisierung der Nachhaltigkeitsdebatte und damit auch der Umweltpolitik.

Der Forderung nach einer Demokratisierung in diesem Bereich schloß sich eine genauere Betrachtung der Frage nach der grundsätzlichen Vereinbarkeit von Umweltpolitik mit und in einem demokratischen Staatswesen an. Es ist in dieser Arbeit deutlich geworden, daß es sich hier letztlich um keine Frage handelt, die eine erfolgversprechendere Alternative anzubieten hätte. Ist dies erkannt, gilt es, die gleichwohl bestehenden Defizite der repräsentativen Demokratie zum Anlaß zu nehmen, Chancen für eine zukunftsfähige Umweltpolitik zu entwickeln. Die Arbeit stellte konsensuale Ansätze und institutionelle Reformen vor, die unter der Prämisse ihrer Eignung im Hinblick auf die Art der Konflikte auf den jeweiligen Ebenen der Entscheidungsfindung Impulse in diese Richtung geben können. Einsichten aus der Nachhaltigkeitsdiskussion, wie das notwendige Zusammenwirken aller Teilsysteme einer Gesellschaft, werden hier aufgegriffen und fortgeführt, beispielsweise wenn Mediationsverfahren für spezifische Problembereiche angesetzt werden und sich in der Zusammensetzung Beteiligte aus allen relevanten Bereichen wiederfinden. Alternative Konfliktregelungen stellen dabei deutlich den Modus des prozeßhaften Aushandelns selbst in den Mittelpunkt des Interesses. Sie unterstreichen damit die wesentliche Grundlage einer zukunftsfähigen Umweltpolitik, welche der Transparenz von Verfahren und Institutionen, der Mitwirkung und dem Konsensgedanken der Beteiligten verpflichtet sein sollte. Nur dann kann die notwendige Akzeptanz für Entscheidungen erwachsen.

Vor dem Hintergrund dieser Entwicklungen ist auch die Rolle des Staates entsprechenden Veränderungen ausgesetzt. Die traditionell übergeordnet agierende, dominierende Instanz sollte sich zunehmend als kooperativer Partner begreifen, der in einem von Interesseneinflüssen und globalen Perspektiven geprägten System Steuerungsformen entwickeln muß, die auf soziale

Integrationsmechanismen gerichtet sind und Konsensbildungsprozesse ermöglichen. Ansätze auf diesem Weg, wenn auch bisweilen unentschlossene, sind erkennbar. Wichtig wird in diesem Zusammenhang das zukünftige Verhältnis zu nicht-staatlichen Trägern sein, wie beispielsweise zu Nichtregierungsorganisationen (NROs) oder Umweltschutzverbänden. Die vorliegende Arbeit konnte zeigen, daß für eine tatsächliche Kooperation gerade unter der Maßgabe einer repräsentativen Demokratie noch erhebliche Restriktionen aufzulösen sein werden. Diese müssen allerdings angegangen werden, da die gegenwärtige Entwicklung darauf hindeutet, daß der Einfluß von Nichtregierungsorganisationen im umweltpolitischen Entscheidungssystem an Bedeutung gewinnen wird. Wenn dieser Einfluß weniger als Drohung und mehr als Aufforderung zur Veränderung verstanden wird, kann auch die traditionelle Einschätzung von Umweltschutzgruppen als Gegner überwunden werden. Diese könnten dann langfristig als konstruktiver Partner in den Verbundsystemen der Problembearbeitung mitwirken. Mit der Einbeziehung von Gruppen mit neuen oder anderen Wertvorstellungen als Partner eröffnet sich sowohl für die traditionelle Organisation als auch für die auf diese Druck ausübenden Gruppen die Möglichkeit, sich über diesen Austausch zu verändern und solcherart wiederum neue Optionen zu schaffen. Obwohl die Arbeit die bestehenden Restriktionen für diese Kooperationssysteme ausdrücklich identifiziert, wird dennoch ihr grundsätzlicher Vorteil für Problemlösungen gesehen und die Entwicklung einer tatsächlichen Kooperation zukünftig als erstrebenswert erachtet.

Die bestehende repräsentative Demokratie mit ihren Verfahrensformen und das sich daraus ergebende Verhältnis von Staat und anderen Systemteilnehmern sowie das zugrundeliegende Staatsverständnis selbst, sind nicht als Endzustand zu begreifen. Gerade die durch die Umweltproblematik unmittelbar betroffene Öffentlichkeit hat hier Defizite erkennen lassen und fordert eine innovative Weiterentwicklung und explizite Beteiligung ein. Der Umgang mit dieser Öffentlichkeit wird also die zukünftige Umweltpolitik ganz wesentlich prägen und für ihren Erfolg existentiell sein. Die vorgestellten Ideen in diesem Bereich stehen noch am Anfang ihrer Entwicklung.
Ihnen gemeinsam ist jedoch die Einforderung einer Verstärkung der staatsbürgerlichen Infrastruktur und eines solcherart zu stärkenden Verantwortungsgefühls. Die Arbeit zeigt den deutlichen Anspruch, den einzelnen als mündigen, kompetenten Bürger zu betrachten, der beteiligt ist an Entscheidungen, die sein Leben berühren und für geschlossene Kompromisse die Verantwortung mitträgt. Beides trägt entschieden zur Erziehung und zur Information bei, welche wiederum notwendige Voraussetzungen für eine demokratische politische Kultur sind. Bemerkenswert ist in diesem Zusammenhang als weiteres Ergebnis dieser Arbeit die Tatsache, daß Entstehung und Organisierbarkeit des allgemeinen

Interesses Umweltschutz nicht allein nach dem ökonomischen Kalkül erklärbar ist. Obwohl grundlegend handlungsleitend, kann eine veränderte Wertschätzung hier ebenfalls eine wesentliche Rolle spielen. Diese ist etwa durch eine entsprechende Bildungspolitik oder durch Informationskampagnen beeinflußbar. Prozesse der öffentlichen Beteiligung bilden oftmals den Anstoß für neue vertikale und horizontale Integrationen, also für sowohl staatliche, regionale und lokale, als auch für zwischenbehördliche Verhandlungen, die Entscheidungen vorgelagert sind. Dabei entsteht die Notwendigkeit, neu aufgeworfene Daten und Informationen zu integrieren und zu verwenden. Öffentliche Beteiligung durch mündige Bürger erzwingt eine stetige Auseinandersetzung mit dem Konzept der gemeinsamen Verantwortung für Entscheidungen.

Unter den mächtigsten Bewegungen in der heutigen Welt sind die Forderungen nach Demokratie und Ökologie. Ihr Zusammenspiel initiiert Veränderungen. Die Arbeit hat deutlich werden lassen, daß es bei diesen Veränderungen vordringlich um den künftigen Zustand der politischen Steuerungsapparatur mit seinen Verfahren und Zugangsmöglichkeiten gehen muß. Es ist für eine hochentwickelte Gesellschaft voraussehbar existenzbedrohend, diesen Bereich nicht aktiv gestalten zu wollen. Dafür steht durchaus ein erhebliches kreatives Potential zur Bewältigung von umweltpolitischen Konflikten zur Verfügung. Die vorgestellten neuartigen Entscheidungsverfahren und Verfahrensansätze basieren dabei weitgehend auf innovativen Kriterien wie Betroffenenbeteiligung, Öffentlichkeitsbeteiligung sowie verschiedenen Verhandlungs- oder Vermittlungsarten. Damit versuchen sie, einem grundlegend demokratischen Anspruch Rechnung zu tragen und zudem einen erkennbar anderen Politikstil zu kreieren. Kritische Auseinandersetzungen mit diesen Ansätzen und spezifische Weiterentwicklungen können dabei nur konstruktiv sein. Ihr Einsatz sollte verstärkt gewagt und als Chance begriffen werden.

Literaturverzeichnis

Aldrup, D.: Das Rationalitätsproblem in der politischen Ökonomie, Tübingen 1971.

Altmann, Ch./Fritzler, M.: Greenpeace. Ist die Welt noch zu retten ?, Düsseldorf 1995.

Altner, G.: Ethische Fundierung des Präventionsprinzips in Technik, Wirtschaft und Gesellschaft, in: U.E.Simonis (Hrsg.): Präventive Umweltpolitik, Frankfurt/Main, New York 1988, S. 79-93.

Andel, N.: Finanzwissenschaft, 2.Aufl., Tübingen 1990.

Bahro, R.: Die Logik der Rettung, Stuttgart 1989.

Barber, B.: Starke Demokratie: Über die Teilhabe am Politischen, Hamburg 1994.

Barbian, Th.: Innovative Umweltpolitik qua Verfahren: Die Institution des Österreichischen Umweltanwalts, in: Zeitschrift für Umweltpolitik und Umweltrecht 2/1992, S. 187-206.

Barry, B.: Intergenerational Justice in Energy Policy, in: D.MacLean/P.G.Brown (Hrsg.): Energy and the Future, Totowa 1983, S. 15-30.

Barry, B.M.: Sociologists, Economists and Democracy, London 1970.

Bärsch, J./Frank, J.: Kollektive Verwaltung der Umwelt versus ökologische Selbstbestimmung ?, in: Ökonomie und Gesellschaft, Jahrbuch 3: Jenseits von Staat und Kapital, Frankfurt/Main, New York 1985, S. 141-188.

Baumol, W.J./Oates, W.E.: The Theory of Environmental Policy, Cambridge 1988.

Beck, U.: Risikogesellschaft. Überlebensfragen, Sozialstruktur und ökologische Aufklärung, in: Aus Politik und Zeitgeschichte 36/1989, S. 3-13.

Beckenbach, F.: Analytische Grundlagen der Ökologischen Ökologie, in: G.Altner (Hrsg.): Jahrbuch Ökologie 1995, München 1994, S. 162-169.

Becker, G.S.: The Economic Approach to Human Behavior, Chicago 1976. Dt. Übersetzung: Der ökonomische Ansatz zur Erklärung menschlichen Verhaltens, Tübingen 1982.

Beisheim, M.: Nichtregierungsorganisationen und ihre Legitimität, in: Aus Politik und Zeitgeschichte 43/1997, S. 21-29.

Bernholz, P./Breyer, F.: Grundlagen der Politischen Ökonomie, Bd.2: Ökonomische Theorie der Politik, 3. völlig überarbeitete Auflage, Tübingen 1994.

Bernstein, M.: Regulating Business by Independent Commissions, Princeton 1955.

Binder, K.G.: Regional differenzierte Gewässergütepolitik - Wirkungscharakteristik und regionale Ausstattungsunterschiede als Kriterien für Auswahl und Ausgestaltung ökonomischer Anreizinstrumente im Gewässerschutz, München 1990.

Bittorf, W.: Glocken in der Nacht, in: Spiegel Special: Die Macht der Mutigen 11/1995, S. 136-138.

Blankart, C.B.: Zur ökonomischen Theorie der Bürokratie, in: Public Finance, 30/1975, S. 166-185.

Bode, Th.: Igittigitt, Qualitätskontrolle, in: Spiegel Special: Die Macht der Mutigen 11/1995, S. 122-124.

Böhret, C.: Technikfolgen und die Verantwortung der Politik, in: Aus Politik und Zeitgeschichte 19-20/1987, S. 3-14.

Bonus, H.: Preis- und Mengenlösungen in der Umweltpolitik, in: Jahrbuch für Sozialwissenschaft 41, Berlin 1990, S. 343-358.

Bosselmann, K.: Der Ökologische Rechtsstaat - Versuch einer Standortbestimmung, in: H.Baumeister (Hrsg.): Wege zum Ökologischen Rechtsstaat - Umweltschutz ohne Öko-Diktatur, Taunusstein 1994, S. 53-69.

Brendel, M.: Die letzte Front, in: Greenpeace - Magazin für Umwelt und Politik 1/1993, S. 10-15.

Breton, A./Wintrobe,R.: The Equilibrium Size of a Budget-maximizing Bureau: A Note on Niskanen's Theory of Bureaucracy, in: Journal of Political Economy 83/1975, S. 195-207.

Brundtland, G.H.: Sustainable Development: An Overview, in: Development 2-3/1989, S. 13-14.

Brünneck, A.v./Epting, F.I.: Sonderaspekte der Landesverfassung (LV) - Politische Gestaltungsrechte und Volksabstimmungen, in: H.Simon/D.Franke/M.Sachs (Hrsg.): Handbuch der Verfassung des Landes Brandenburg, Stuttgart 1994, S. 339-355.

Brunnengräber, A.: Advokaten, Helden und Experten - NGOs in den Medien, in: Forschungsjournal Neue Soziale Bewegungen 4/1997, S. 13-26.

Brunner, K.: Reflections on the Political Economy of Government: The Persistent Growth of Government, in: Schweizerische Zeitschrift für Volkswirtschaft und Statistik 114/1978, S. 649-680.

Buchanan, J.M.: The Limits of Liberty: Between Anarchy and Leviathan, Chicago 1975. Dt. Übersetzung: Die Grenzen der Freiheit. Zwischen Anarchie und Leviathan, Tübingen 1984.

Buchanan, J.M.: Freedom in constitutional contract. Perspectives of a political economist, Texas 1977.

Buchanan, J.M.: Constitutional Economics, in: J.Eatwell/M.Milgate/P.Newman (Hrsg.): The New Palgrave. A Dictionary of Economics, Bd.1, London, New York, Tokio 1987, S. 585-588.

Buchanan, J.M./Tullock, G.: The Calculus of Consent: Logical Foundations of Constitutional Democracy, Ann Arbor 1962.

Bundesminister für Umwelt, Naturschutz und Reaktorsicherheit (Hrsg.): Konferenz der Vereinten Nationen für Umwelt und Entwicklung im Juni 1992 in Rio de Janeiro - Dokumente - Klimakonvention, Konvention über die Biologische Vielfalt, Rio-Deklaration, Walderklärung, Bonn 1992.

Bundesminister Für Umwelt, Naturschutz und Reaktorsicherheit (Hrsg.): Umweltpolitik. Umwelt 1994. Politik für eine nachhaltige, umweltgerechte Entwicklung, Bonn 1994.

Bundesministerium des Innern (Hrsg.): Das Verursacherprinzip. Möglichkeiten und Empfehlungen zur Durchsetzung, in: Umweltbrief Nr.1, Bonn 1973.

Bundesministerium für Raumordnung, Bauwesen und Städtebau (Hrsg.): Lokale Agenda 21 - Stand und Perspektiven der Umsetzung von Kapitel 28 in Deutschland, Übersicht über internationale Programme und Strategien, Bonn 1996.

Busch-Lüty, Ch.: Welche politische Kultur braucht nachhaltiges Wirtschaften ? „Vater Staat" in der Umweltverträglichkeitsprüfung, in: H.P.Dürr/F.-Th.Gottwald (Hrsg.): Umweltverträgliches Wirtschaften: Denkanstöße und Strategien für eine ökologisch nachhaltige Zukunftsgestaltung, Münster 1995, S. 177-201.

Cansier, D.: Umweltökonomie, Stuttgart, Jena 1993.

Cassel, D.: Wirtschaftspolitik als Ordnungspolitik, in: D.Cassel/B.-T.Ramb/H.J. Thieme (Hrsg.): Ordnungspolitik, München 1988, S. 313-334.

Charter of European Cities and Towns Towards Sustainability, in: European Commission Expert Group on Urban Environment (Hrsg.): European Sustainable Cities, Brüssel 1994.

Clark, W.C.: Managing Planet Earth, in: Scientific American Vol.261, 3/1989, S. 47-54.

Coase, R.H.: The Problem of Social Cost, in: Journal of Law and Economics, 3/1960, S. 1-44.

Cogoy, M.: Kann staatliche Steuerung in der Umweltpolitik erfolgreich sein ?, in: F.Beckenbach (Hrsg.): Die ökologische Herausforderung für die ökonomische Theorie, Marburg 1991, S. 257-265.

Costanza, R./Daly, H.E./Bartholomew, J.A.: Goals, Agenda and Policy Recommendations for Ecological Economics, in: R.Costanza (Hrsg.): Ecological Economics: The Science and Management of Sustainability, New York 1991, S. 1-20.

Dahrendorf, R.: Stellungnahme, in: Politische Bildung: Öffentliche Anhörung des Innenausschusses und des Ausschusses für Bildung und Wissenschaft des Deutschen Bundestages am 8.Mai 1989, in: Zur Sache 16/1990, Bonn 1990, S. 129-135.

Dalcero, P.: „Et Maintenant, que vais-je faire ? Part II. The Mission, in: Weltwirtschaft, Ökologie und Entwicklung - WEED (Hrsg.): Sustainability and Democracy, Bonn 1995, S. 61-65.

Dales, J.H.: Pollution, Property and Prices, Toronto 1968.

Daly, H.E.: Allocation, Distribution and Scale: Towards an Economics that is efficient, just and sustainable, in: Ecological Economics 6/1992, S. 185-193.

Der Spiegel, 31/1997.

Der Tagesspiegel vom 9.6.1992.

Deutscher Bundestag (Hrsg.): Konzept Nachhaltigkeit: Fundamente für die Gesellschaft von morgen. Zwischenbericht der Enquete-Kommission „Schutz des Menschen und der Umwelt - Ziele und Rahmenbedingungen einer nachhaltig zukunftsverträglichen Entwicklung“ des 13. Deutschen Bundestages, Bonn 1997.

Deutsches Institut für Urbanistik (Hrsg.): Sichtwechsel - Kommunen zwischen lokalen Anforderungen und weltweiten Problemen, Berlin 1995.

Die Zeit vom 22.9.1995.

Diefenbacher, H.: Die lokale Agenda 21 - Dauerhaft umweltgerechte Entwicklung in der Stadt, in: Blätter für deutsche und internationale Politik 9/1996, S. 1140-1142.

Downs, A.: An Economic Theory of Democracy, New York 1957. Dt. Übersetzung: Ökonomische Theorie der Demokratie, Tübingen 1968.

Downs, A.: Inside Bureaucracy, Boston 1967.

Dubois, Ph./Christensen, A.C.: Public Advocacy and Environmental Decision-making: The Wisconsin Public Intervenor, Davis 1977.

Eger, T./Weise, P.: Normen als gesellschaftliche Ordner, in: Ökonomie und Gesellschaft, Jahrbuch 8: Individuelles Verhalten und kollektive Phänomene, Frankfurt, New York 1990, S. 65-111.

Endres, A.: Die pareto-optimale Internalisierung externer Effekte, Frankfurt, Bern 1976.

Endres, A.: Das Ordnungssystem der Sozialen Marktwirtschaft, in: Marktwirtschaft und Ökologie, Laufener Seminarbeiträge 5/83, Laufen/Salzach 1983, S. 22-30.

Endres, A.: Umwelt- und Ressourcenökonomie, Darmstadt 1985.

Endres, A./Schwarze, R.: Das Zertifikatemodell in der Bewährungsprobe ? Eine ökonomische Analyse des 'Acid-Rain'-Programms des neuen US-Clean Air Acts, in: A.Endres/E.Rehbinder/R.Schwarze, (Hrsg.): Umweltzertifikate und Kompensationen in ökonomischer und juristischer Sicht, Bonn 1994, S. 137-215.

Erdmann, G.: Evolutionary Economics as an Approach to Environmental Problems, in: H.Giersch (Hrsg.): Economic Progress and Environmental Concerns, Berlin, Heidelberg 1993, S. 65-96.

Etzioni, A.: The Active Society, New York 1968.

Eucken, W.: Grundsätze der Wirtschaftspolitik, Tübingen 1952/90.

Evers, T.: Volkssouveränität im Verfahren - Zur Verfassungsdiskussion über direkte Demokratie, in: Aus Politik und Zeitgeschichte 41/1991, S. 3-15.

Ewers, H.-J./Hassel, C.: Handlungsfelder und Ordnungsrahmen einer Politik der dauerhaft-umweltgerechten Entwicklung, in: L.Gerken (Hrsg.): Ordnungspolitische Grundfragen einer Politik der Nachhaltigkeit, 1.Aufl., Baden-Baden 1996, S. 11-31.

Falter, J.W.: Wählerverhalten, in: E.Lippert/R.Wakenhut (Hrsg.): Handwörterbuch der Politischen Psychologie, Opladen 1983, S. 335-345.

Fetscher, I.: Ökodiktatur - oder Alternativzivilisation ?, in: N.W.Kunz (Hrsg.): Ökologie und Sozialismus. Perspektiven einer umweltfreundlichen Politik, Köln 1986, S. 158-177.

Fietkau, H.-J./Weidner, H.: Umweltmediation international, in: WZB-Mitteilungen 78/1997, S. 7-10.

Fischer, J.: Der Umbau der Industriegesellschaft. Plädoyer wider die herrschende Umweltlüge, Frankfurt/Main 1989.

Fischer, R./Ury, W.: Getting to Yes. Negotiating Agreement without Giving In, Boston 1981.

Focus 28/1997.

Focus 37/1997.

Frank, J.: Kollektive oder individuelle Steuerung der Umwelt ?, in: Kritische Justiz, 22.Jg., 1/1989, S. 36-55.

Freitag, Th.: Marktwirtschaft - Heilsbringer für die Umwelt ?, in: R.Pfriem (Hrsg.): Ökologische Unternehmenspolitik, Frankfurt, New York 1986, S. 109-123.

Frey, B.S.: Theorie demokratischer Wirtschaftspolitik, München 1981.

Fürst, D.: Die Neubelebung der Staatsdiskussion: Veränderte Anforderungen an Regierung und Verwaltung in westlichen Industriegesellschaften, in: Th.Ellwein/J.-J.Hesse/R.Mayntz/F.W.Scharpf (Hrsg.): Jahrbuch zur Staats- und Verwaltungswissenschaft Bd. 1/1987, Baden-Baden 1987, S. 261-285.

Gawel, E.: Die mischinstrumentelle Strategie in der Umweltpolitik: Ökonomische Betrachtungen zu einem neuen Politikmuster, in: Jahrbuch für Sozialwissenschaft, Vol.43, 1992, S. 267-286.

Gawel, E.: Novellierung des Abwasserabgabengesetzes - ein umweltpolitisches Lehrstück, in: Zeitschrift für Umweltrecht 5/1993, S. 159-173.

Gawel, E.: Ökonomie der Umwelt - Ein Überblick über neuere Entwicklungen, in: Zeitschrift für angewandte Umweltforschung 1/1994a, S. 37-84.

Gawel, E.: Umweltallokation durch Ordnungsrecht. Ein Beitrag zur ökonomischen Theorie regulativer Umweltpolitik, Tübingen 1994.

Gawel, E.: Bürokratietheorie und Umweltverwaltung - Ökonomische Einsichten in verwaltungsrechtliches Handeln im Umweltschutz, in: Zeitschrift für angewandte Umweltforschung 1/1995, S. 79-89.

Geier, A.: Die ökologische-ökonomische Herausforderung: Der Zwang zur Dezentralisierung von Staat, Wirtschaft und Gesellschaft, in: M. Wissmann (Hrsg.): Marktwirtschaft 2000: Bausteine für eine humane Industriegesellschaft, Krefeld 1983, S. 73-87.

Gerken, L./Renner, A.: Der Wettbewerb der Ordnungen als Entdeckungsverfahren für eine nachhaltige Entwicklung, in: L.Gerken (Hrsg.): Ordnungspolitische Grundfragen einer Politik der Nachhaltigkeit, 1.Aufl., Baden-Baden 1996, S. 51-102.

Goldscheid, R./Schumpeter, J.: Die Finanzkrise des Steuerstaates, Frankfurt 1976.

Gräber-Seißinger, U.: Das Verursacherprinzip als Leitgedanke der Umweltpolitik, Diss., Frankfurt/Main 1991.

Guggenberger, B.: An den Grenzen der Mehrheitsdemokratie, in: B.Guggenberger/ C.Offe (Hrsg.): An den Grenzen der Mehrheitsdemokratie: Politik und Soziologie der Mehrheitsregel, Opladen 1984a, S. 184-196.

Guggenberger, B.: Die neue Macht der Minderheit, in: B.Guggenberger/C.Offe (Hrsg.): An den Grenzen der Mehrheitsdemokratie: Politik und Soziologie der Mehrheitsregel, Opladen 1984b, S. 207-224.

Guggenberger, B./Offe, C.: Politik aus der Basis - Herausforderung der parlamentarischen Mehrheitsdemokratie, in: B.Guggenberger/C.Offe (Hrsg.): An den Grenzen der Mehrheitsdemokratie: Politik und Soziologie der Mehrheitsregel, Opladen 1984, S. 8-22.

Guggenberger, B./Preuß, U.K./Ullmann, W. (Hrsg.): Eine Verfassung für Deutschland. Manifest - Text - Plädoyers, München, Wien 1991.

Gusy, Ch.: Techniksteuerung durch Recht - Aufgaben und Grenzen, in: H.Donner/ G.Magoulas/J.Simon/R.Wolf (Hrsg.): Umweltschutz zwischen Markt und Staat. Schriftenreihe Recht, Ökonomie und Umwelt, Bd.1, Baden-Baden 1989, S. 241-268.

Habermas, J.: Legitimationsprobleme im Spätkapitalismus, Frankfurt/Main 1973.

Hampicke, U.: Ökologische Ökonomie. Individuum und Natur in der Neoklassik. Natur in der ökonomischen Theorie: Teil 4, Opladen 1992.

Hansjürgen, B.: Ökonomische Aspekte des Kooperationsprinzips in der Umweltpolitik, in: H.Zimmermann/B.Hansjürgen (Hrsg.): Prinzipien der Umweltpolitik in ökonomischer Sicht, Studien zum Umweltstaat, Bonn 1994, S. 68-107.

Hansjürgen, B./Fromm, O.: Erfolgsbedingungen von Zertifikatelösungen in der Umweltpolitik - am Beispiel der Novelle des US-Clean Air Act von 1990, in: Zeitschrift für Umweltpolitik und Umweltrecht 4/1994, S. 473-505.

Hansmeyer, K.-H./Schneider, H.-K.: Umweltpolitik. Ihre Fortentwicklung unter marktsteuernden Aspekten, 2.Aufl., Göttingen 1992.

Hartwich, H.-H.: Die Suche nach einer wirklichkeitsnahen Lehre vom Staat, in: Aus Politik und Zeitgeschichte, Bd.46-47/1987, S. 3-20.

Hayek, F.A. v.: Die Anmaßung von Wissen, in: Ordo, Bd.26, Stuttgart 1975.

Hechter, M.: Principles of Group Solidarity, Berkeley 1987.

Held, D.: Democracy, the Nation-State and the Global System, in: Economy and Society 20/1991, S. 139-165.

Hennen, L.: Das Ohr an der Basis ?, in: Politische Ökologie 46/1996, S. 44-45.

Hesse, J.J.: Aufgaben einer Staatslehre heute, in: Th.Ellwein/J.-J.Hesse/R.Mayntz/ F.W.Scharpf (Hrsg.): Jahrbuch zur Staats- und Verwaltungswissenschaft Bd. 1/1987, Baden-Baden 1987, S. 55-89.

Hobbensiefken, G.: Ökologieorientierte Volkswirtschaftslehre, 2.Aufl., München 1991.

Holzinger, K.: Umweltpolitische Instrumente aus der Sicht der staatlichen Bürokratie - Versuch einer Anwendung der 'Ökonomischen Theorie der Bürokratie', Ifo-Studien zur Umweltökonomie, Bd.6, München 1987.

Homann, K.: Rationalität und Demokratie. Die Einheit der Gesellschaftswissenschaften, Studien in den Grenzbereichen der Wirtschafts -und Sozialwissenschaften, Bd.57, Tübingen 1988.

Homann, K.: Sustainability: Politikvorgabe oder regulative Idee ?, in: L.Gerken (Hrsg.): Ordnungspolitische Grundfragen einer Politik der Nachhaltigkeit, 1.Aufl., Baden-Baden 1996, S. 33-47.

Horbach, J.: Neue Politische Ökonomie und Umweltpolitik, Frankfurt/Main, New York 1992.

Huber, J.: Unternehmen Umwelt. Weichenstellungen für eine ökologische Marktwirtschaft, Frankfurt/Main 1991.

ICLEI - Internationaler Rat für kommunale Umweltinitiativen, in: Deutscher Bundestag Enquete-Kommission (1996): Stellungnahmen, Kommunen & nachhaltige Entwicklung - Beiträge zur Umsetzung der Agenda 21, Bonn 1996, S. 3-14.

Jaeger, F.: Natur und Wirtschaft. Ökonomische Grundlagen einer Politik des qualitativen Wachstums, Chur, Zürich 1994.

Jänicke, M.: Staatsversagen. Die Ohnmacht der Politik in der Industriegesellschaft, München, Zürich 1986.

Jänicke, M.: Ökologische Modernisierung. Optionen und Restriktionen präventiver Umweltpolitik, in: U.E.Simonis (Hrsg.): Präventive Umweltpolitik, Frankfurt/Main, New York 1988, S. 13-27.

Jänicke, M.: Der Staat als umweltpolitischer Problemerzeuger und Problemlöser, in: U.Petschow (Hrsg.): Staatliche Politik als Umweltzerstörung: der Staat in der Umweltverträglichkeitsprüfung, Berlin 1990, S. 3-9.

Jänicke, M.: Vom Staatsversagen zur politischen Modernisierung ? Ein System aus Verlegenheitslösungen sucht seine Form, in: C.Böhret/G.Wewer (Hrsg.): Regieren im 21.Jahrhundert - Zwischen Globalisierung und Regionalisierung, Opladen 1993, S. 63-77.

Jänicke, M.: Jenseits des additiven Ansatzes, in: Politische Ökologie 46/1996, S. 39-41.

Jonas, H.: Das Prinzip Verantwortung. Versuch einer Ethik für die technologische Zivilisation, Frankfurt/Main, 1979.

Kapp, K.W.: Soziale Kosten der Marktwirtschaft, Frankfurt/Main 1988.

Kavka, G.: The Futurity Problem, in: R.I.Sikora/B.Barry (Hrsg.): Obligations to Future Generations, Philadelphia 1978, S. 186-203.

Keck, O.: Präventive Umweltpolitik als Abbau von Informationsrestriktionen, in: U.E.Simonis (Hrsg.): Präventive Umweltpolitik, Frankfurt/Main, New York 1988, S. 105-129.

Kemper, M.: Das Umweltproblem in der Marktwirtschaft, Berlin 1989.

Kielmansegg, P.Graf: Von der Lernfähigkeit der Demokratie. Bemerkungen zu einem vernachlässigten Thema, in: P.Koslowski (Hrsg.): Individuelle Freiheit und demokratische Entscheidung: Ethische, ökonomische und politische Theorie der Politik, Vorträge und Aufsätze, Walter Eucken Institut, 123, Tübingen 1989, S. 84-97.

Kirchgässner, G.: Umweltschutz als Staatsaufgabe. Einige Überlegungen aus ökonomischer Perspektive, Bielefeld 1990.

Kirchgässner, G./Schneider, F.: Politisch ökonomische Modelle: Theoretische Ansätze und empirische Ergebnisse, in: C.Hillinger/M.J.Holler (Hrsg.): Ökonomische Theorie der Politik - Eine Einführung, München 1979.

Kirsch, G.: Ökonomische Theorie der Politik, Tübingen 1974.

Kirsch, G.: Bedürfnisse als Problem der Wirtschaftswissenschaft, in: WISU 19/1990, S. 308-313.

Kirsch, G.: Neue Politische Ökonomie, 3.Aufl., Düsseldorf 1993.

Kitschelt, H.: Demokratietheorie und Veränderungen politischer Beteiligungsformen, in: Forschungsjournal Neue Soziale Bewegungen 2/1996, S. 17-30.

Klaus, J./Horbach, J.: Umweltpolitik aus der Sicht der Neuen Politischen Ökonomie, in: Das Wirtschaftsstudium 8/1991, S. 400-407.

Kloepfer, M. (Hrsg.): Umweltstaat, Berlin 1989.

Kloepfer, M.: Droht der autoritäre ökologische Staat ?, in: H.Baumeister (Hrsg.): Wege zum Ökologischen Rechtsstaat - Umweltschutz ohne Öko-Diktatur, Taunusstein 1994, S. 42-50.

Knoepfel, P.: Der verhandelnde Staat - schwacher, exklusiver und destabilisierender Staat ? Drei selbstkritische Arabesken, in: L.Mez/H.Weidner (Hrsg.): Umweltpolitik und Staatsversagen. Perspektiven und Grenzen der Umweltpolitikanalyse, Berlin 1997, S. 155-163.

Kurz, R./Volkert, J./Helbig, J.: Nachhaltigkeitspolitik: Ordnungspolitische Konsequenzen und Durchsetzbarkeit, in: L.Gerken (Hrsg.): Ordnungspolitische Grundfragen einer Politik der Nachhaltigkeit, 1.Aufl., Baden-Baden 1996, S. 115-165.

Lambertz, G.: Bessere Wirtschaftspolitik durch weniger Demokratie ?: Ökonomische Demokratiekritik und Theorie der Autokratie, Hamburg 1990.

Lanig, J.: Die Ökonomische Theorie der Politik oder die Rückbildung der Demokratietheorie, in: C.Hillinger/M.J.Holler (Hrsg.): Ökonomische Theorie der Politik - Eine Einführung, München 1979, S. 224-233.

Lehner, F.: Einführung in die Neue Politische Ökonomie, Basisbücher Sozialwissenschaften Bd.3, Königstein/Taunus 1981.

Leipert, Ch.: Institutionelle Innovationen als Voraussetzung für eine ökologische Erneuerung der Industriegesellschaft, in: H.P.Dürr/F.-Th.Gottwald (Hrsg.): Umweltverträgliches Wirtschaften: Denkanstöße und Strategien für eine ökologisch nachhaltige Zukunftsgestaltung, Münster 1995, S. 165-177.

Leipold, M.: Ordnungspolitische Konsequenzen der Ökonomischen Theorie der Verfassung, in: D.Cassel/B.-T.Ramb/H.J.Thieme (Hrsg.): Ordnungspolitik, München 1988, S. 257-284.

Liebl, K.: Das Ausmaß der Korruption in der öffentlichen Verwaltung. Ergebnisse einer empirischen Erhebung, in: A.Benz/W.Seibel (Hrsg.):

Zwischen Kooperation und Korruption: Abweichendes Verhalten in der Verwaltung, Baden-Baden 1992, S. 283-295.

Loske, R.: Der Charme des Ökorats, in: Politische Ökologie 46/1996, S. 53-56.

Luhmann, N.: Ökologische Kommunikation, Opladen 1990.

Luthardt, W.: Probleme und Perspektiven direkter Demokratie in Deutschland, in: Aus Politik und Zeitgeschichte 14/1997, S. 13-22.

Mackscheidt, K./Kirsch, G.: Staatsmann, Demagoge, Amtsinhaber: Eine psychologische Ergänzung der Ökonomischen Theorie der Politik, Kleine Vandenhoeck-Reihe:1513, Tübingen 1985.

Mackscheidt, K./Steinhausen, J.: Finanzpolitik II. Grundfragen versorgungspolitischer Eingriffe, Düsseldorf 1977.

Maier-Rigaud, G.: Umweltpolitik in der offenen Gesellschaft, Opladen 1988.

Maier-Rigaud, G.: Anforderungen und Visionen für eine nachhaltige Wirtschaftspolitik, in: Studenteninitiative Wirtschaft & Umwelt (Hrsg.): Im Namen der Zukunft - Politische Wege zur Nachhaltigkeit, Münster 1994, S. 97-119.

Martens, J.: Nichtregierungsorganisationen im UNCED-Prozeß: Testfall für mehr Partizipation im UN-System ?, in: Stiftung Entwicklung und Frieden (Hrsg.): Nach dem Erdgipfel. Global verantwortliches Handeln für das 21.Jahrhundert, Bonn 1992, S. 151-168.

Märtz, Th.: Interessengruppen und Gruppeninteressen in der Demokratie: Zur Theorie des Rent-Seeking, Frankfurt/Main 1990.

Massarrat, M.: Baustein für eine Demokratie der Zukunft, in: Politische Ökologie 46/1996, S. 49-52.

Mayer-Tasch, C.: Die Bürgerinitiativbewegung. Der aktive Bürger als rechts - und sozialwissenschaftliches Problem, Reinbek bei Hamburg 1985.

Mayntz, R.: Soziologie der öffentlichen Verwaltung, 3.Aufl., Heidelberg 1985.

Mazmanian, D.A./Morell, D.: The "NIMBY" Syndrome: Facility Siting and the Failure of Democratic Discourse, in: N.J.Vig/M.E.Kraft (Hrsg.): Environmental Policy in the 1990s. Towards a New Agenda, Washington 1994, S. 233-249.

Merkel, Ch.: Sustainability and Democracy in Industrialized Countries, in: Weltwirtschaft, Ökologie und Entwicklung - WEED (Hrsg.): Sustainability and Democracy, Bonn 1995, S. 5-20.

Meyer, S.: Ökonomische Theorie der Umweltpolitik. Der Erklärungswert der Neuen Politischen Ökonomie für umweltpolitische Entscheidungsprozesse, Diss., Bergisch-Gladbach, Köln 1996.

Migue, J.L./Belanger, G.: Towards a General Theory of Management Discretion, in: Public Choice 17/1974, S. 27-43.

Mirowski, P.: More Heat than Light, Cambridge 1989.

Mock, M.: Verbände und Wirtschaftspolitik - Zur Funktion der Verbände in der Wirtschaftspolitik, Wirtschaftswissenschaftliche Monographien, Bd.8, Göttingen 1991.

Möckli, S.: Direkte Demokratie: Ein Vergleich der Einrichtungen und Verfahren in der Schweiz und Kalifornien, unter Berücksichtigung von Frankreich, Italien, Dänemark, Irland, Österreich, Liechtenstein und Australien, Bern, Stuttgart, Wien 1994.

Moßmann, P.: Von den besten Nichtregierungsorganisationen im Süden lernen, in: Aus Politik und Zeitgeschichte 43/1997, S. 38-46.

Müller, E.: Umweltpolitik und Medien, in: L.Mez/H.Weidner (Hrsg.): Umweltpolitik und Staatsversagen. Perspektiven und Grenzen der Umweltpolitikanalyse, Berlin 1997, S. 382-393.

Musgrave, R.A./Musgrave, P.B./Kullmer, L.: Die öffentlichen Finanzen in Theorie und Praxis, 5.Aufl., Bd.1, Tübingen 1990.

natur - Zeitschrift für eine ökologische Zukunft 5/1992.

natur - Zeitschrift für eine ökologische Zukunft 1/1994.

Naumann, J.: Der Einfluß von Interessengruppen auf die wirtschaftspolitische Willensbildung und Weichenstellung, Zürich 1984.

Niskanen, W.A.: Bureaucracy and Representative Government, Chicago, New York 1971.

Offe, C.: Politische Legitimation durch Mehrheitsentscheidung ?, in: B.Guggenberger/C.Offe (Hrsg.): An den Grenzen der Mehrheitsdemokratie: Politik und Soziologie der Mehrheitsregel, Opladen 1984, S. 150-184.

Offe, C.: Die Staatstheorie auf der Suche nach ihrem Gegenstand. Beobachtungen zur aktuellen Diskussion, in: Th.Ellwein/J.J.Hesse/R.Mayntz/F.W.Scharpf (Hrsg.): Jahrbuch zur Staats- und Verwaltungswissenschaft Bd.1/1987, Baden-Baden 1987, S. 309-321.

Offe, C.: Wider scheinradikale Gesten, in: G.Hofmann/W.A.Perger (Hrsg.): Die Kontroverse. Weizsäckers Parteienkritik in der Diskussion, Frankfurt/Main 1992, S. 126-142.

Offermanns, M.: Bürokratie und Vertrauen - Die Institution Vertrauen in der Ökonomischen Theorie der Bürokratie, Nomos Universitätsschriften: Wirtschaft, Bd.5, Baden-Baden 1990.

Oliver, P.E./Marwell, G.: The Paradox of Group Size in Collective Action, in: American Sociological Review 53/1988, S. 1-8.

Olson, M.: Die Logik des kollektiven Handelns. Kollektivgüter und die Theorie der Gruppen, Die Einheit der Gesellschaftswissenschaften, Bd.10, Tübingen 1968.

Orzechowski, W.: Economic Models of Bureaucracy: Survey, Extension and Evidence, in: T.E.Borcheding (Hrsg.): Budgets and Bureaucrats: The Sources of Government Growth, Durham 1977, S. 229-259.

Osterkamp, R./Schneider, W.: Zur Umweltökonomik: Einführung und Überblick, in: H.Möller/R.Osterkamp/W.Schneider (Hrsg.): Umweltökonomik. Beiträge zur Theorie und Politik, Königstein 1981, S. 5-27.

Panther, St.: Haftung als Instrument einer präventiven Umweltpolitik, Diss., Frankfurt/Main, New York 1992.

Pasche, M.: Ansätze einer evolutorischen Umweltökonomik, in: F.Beckenbach/ H.Diefenbacher (Hrsg.): Zwischen Entropie und Selbstorganisation, Marburg 1994, S. 75-118.

Pearce, D.W./Turner, R.K.: Economics of Natural Resources and the Environment, New York 1990.

Peters, U.: Neue kulturelle Kraft gesucht, in: Politische Ökologie 46/1996, S. 28-31.

Pethig, R.: Verbände als Produzenten öffentlicher Güter, in: Wirtschaftspolitische Blätter 33/1986, S. 145-154.

Popper, K.R.: Zur Theorie der Demokratie, in: Der Spiegel 32/1987, S. 54-55.

Preuß, U.K.: Politische Verantwortung und Bürgerloyalität: Von den Grenzen der Verfassung und des Gehorsams in der Demokratie, Frankfurt/Main 1984.

Rawls, J.: A Theory of Justice, Cambridge 1971. Dt. Übersetzung: Eine Theorie der Gerechtigkeit, Frankfurt/Main 1975.

Reinhardt, M.: Die Überwachung durch Private im Umwelt -und Technikrecht, in: Archiv des öffentlichen Rechts, Jg.118, 1993.

Rennings, K./Brockmann, K.L./Koschel, H./Kühn, I.: Ein Ordnungsrahmen für eine Politik der Nachhaltigkeit: Ziele, Institutionen und Instrumente, in:

L.Gerken (Hrsg.): Ordnungspolitische Grundfragen einer Politik der Nachhaltigkeit, 1.Aufl., Baden-Baden 1996, S. 229-280.

Riesenhuber, H.: Ökonomie und Ökologie - eine notwendige wechselseitige Bedingung, in: M. Wissmann (Hrsg.): Marktwirtschaft 2000: Bausteine für eine humane Industriegesellschaft, Krefeld 1983, S. 13-23.

Riker, W.H./Ordeshook, P.C.: An Introduction to Positive Political Theory, Englewood Cliffs/New Jersey 1973.

Rinken, S.: Von der „Bewegung" zur Behörde: Institutionalisierung von Umweltschutzinteressen. Das Beispiel der California Coastal Commission, Paper FS II 89-407 des Wissenschaftszentrums Berlin für Sozialforschung, Berlin 1989.

Roppel, U.: Ökonomische Theorie der Bürokratie: Beiträge zu einer Theorie des Angebotsverhaltens staatlicher Bürokratien in Demokratien, Freiburg 1979.

Rose-Ackerman, S.: Umweltrecht und -politik in den Vereinigten Staaten und der Bundesrepublik Deutschland, 1.Aufl., Baden-Baden 1995.

Rosener, J./Gregersen, H.B.: Non-legislative Deregulation: A Study of the California Coastal Act and the Forest Practices Act, Graduate School of Management, Irvine 1987.

Sachs, W.: Global Ecology. A New Arena of Political Conflict. Zed Books, London 1993.

Samuelson, R.J.: Don't Hold Your Breath, in: Newsweek, 4/1997, S. 4.

Sandhövel, A.: Ministerialverwaltungen und die Durchsetzbarkeit von Preis -und Mengenlösungen - am Beispiel der nordrhein-westfälischen Abfallpolitik, in: Zeitschrift für Umweltpolitik und Umweltrecht 2/1994, S. 207-227.

Saretzki, Th.: Mediation, soziale Bewegungen und Demokratie, in: Forschungsjournal Neue Soziale Bewegungen 4/1997, S. 27-42.

Sartori, G.: Selbstzerstörung der Demokratie ? Mehrheitsentscheidungen und Entscheidungen von Gremien, in: B.Guggenberger/C.Offe (Hrsg.): An den Grenzen der Mehrheitsdemokratie: Politik und Soziologie der Mehrheitsregel, Opladen 1984, S. 83-108.

Schäffler, H.: Verfahrensfrage, in: Politische Ökologie 46/1996, S. 21-23.

Scharpf, F.W.: Legitimationsprobleme der Globalisierung. Regieren in Verhandlungssystemen, in: C.Böhret/G.Wewer (Hrsg.): Regieren im 21.Jahrhundert - Zwischen Globalisierung und Regionalisierung, Opladen 1993, S. 162-183.

Schiffers, R.: „Weimarer Erfahrungen“: Orientierungshilfe für die Aufnahme plebiszitärer Elemente in das Grundgesetz ?, in: Zeitschrift für Politikwissenschaft 6/1996, S. 349-374.

Schmid, G.-D.: Vorstellung eines Werkzeugs zur kompetenten Konfliktlösung: Die Consultative, in: H.P.Dürr/F.-Th.Gottwald (Hrsg.): Umweltverträgliches Wirtschaften: Denkanstöße und Strategien für eine ökologisch nachhaltige Zukunftsgestaltung, Münster 1995, S. 138-147.

Schmid, G.-D.: Die Consultative, in: Politische Ökologie 46/1996, S. 57.

Schmidt, H./Take, I.: Demokratischer und besser ? Der Beitrag von Nichtregierungsorganisationen zur Demokratisierung internationaler Politik und zur Lösung globaler Probleme, in: Aus Politik und Zeitgeschichte 43/1997, S. 12-20.

Schmidt-Bleek, F.: Wieviel Umwelt braucht der Mensch ? MIPS - Das Maß für ökologisches Wirtschaften, Basel, Boston, Berlin 1994.

Schumpeter, J.A.: Kapitalismus, Sozialismus und Demokratie, 2.Aufl., Bern 1950.

Schwarze, R.: Präventionsdefizite der Umwelthaftung und Lösungen aus ökonomischer Sicht, Bonn 1996.

Seel, A.: Zur Effizienz der Umweltpolitik: Die Sicht der Ökonomischen Theorie der Politik, München 1994.

Seibel, W.: Theoretische und methodologische Perspektiven der Analyse ‘abweichenden’ Verwaltungshandelns, in: A.Benz/W.Seibel (Hrsg.): Zwischen Kooperation und Korruption: Abweichendes Verhalten in der Verwaltung, Baden-Baden 1992, S. 327-369.

Serwe, H.-J.: Nachhaltiger Entwicklungsbedarf, in: Politische Ökologie 50/1997, S. 77-79.

Siebald, S.: Die Umweltpolitik der EU - Eine Einschätzung ihrer Bedeutung für Deutschland. Diskussionsbeiträge des Fachbereichs Wirtschaftswissenschaft der Freien Universität Berlin, Volkswirtschaftliche Reihe Nr.1997/18.

Siebert, H.: Das produzierte Chaos, Stuttgart 1973.

Simon, H.A.: Models of Man, Social and Rational, New York, London, Sydney 1966.

Simonis, U.E. (Hrsg.): Ökonomie und Ökologie. Auswege aus einem Konflikt, 3.Aufl., Karlsruhe 1985.

Simonis, U.E.: Ökologische Modernisierung der Wirtschaft - Drei Schwerpunkte, in: M.Lendi (Hrsg.): Umweltpolitik. Strukturelemente in einem dynamischen Prozeß, Zürich 1991, S. 73-89.

Söllner, F.: Neoklassik und Umweltökonomie, in: Zeitschrift für Umweltpolitik und Umweltrecht 4/1993, S. 431-460.

Spaemann, R.: Technische Eingriffe in die Natur als Problem der politischen Ethik, in: D.Birnbacher (Hrsg.): Ökologie und Ethik, Stuttgart 1980, S. 180-206.

SRU - Der Rat von Sachverständigen für Umweltfragen. Umweltgutachten 1994. Für eine dauerhaft-umweltgerechte Entwicklung, Stuttgart 1994.

SRU - Der Rat von Sachverständigen für Umweltfragen. Umweltgutachten 1996. Zur Umsetzung einer dauerhaft-umweltgerechten Entwicklung, Stuttgart 1996.

Staehlin-Witt, E./Spillmann, A.: Emissionshandel. Erfahrungen in der Region Basel und neue Ansätze, in: Zeitschrift für Umweltpolitik und Umweltrecht 2/1994, S. 207-223.

Stähler, R.: Kollektive Umweltnutzungen und individuelle Bewertung, Umwelt und Ökonomie, Bd.4, Heidelberg 1991.

Steger,U.: Umweltmanagement. Erfahrungen und Instrumente einer umweltorientierten Unternehmensstrategie, Frankfurt 1988.

Stenger, H.: Vom Katastrophenwissen zum Umweltbewußtsein, in: H.P.Dreitzel/ H.Stenger (Hrsg.): Ungewollte Selbstzerstörung. Reflexionen über den Umgang mit katastrophalen Entwicklungen, Frankfurt/Main, New York 1990, S. 177-197.

Stern 44/1997.

Susskind, L./Cruikshank, J.: Braking the Impasse. Consensual Approaches to Resolving Public Disputes, New York 1987.

Szelenyi, A.: Demokratie als Lebensform, in: Politische Ökologie 46/1996, S. 63-66.

Thürmer, L.: Bürokratie und Effizienz staatlichen Handelns. Der Beitrag der Ökonomischen Theorie der Politik zur Erklärung des Verhaltens demokratisch gesteuerter Verwaltungen, Volkswirtschaftliche Schriften, Heft 338, Berlin 1984.

Tollison, R.: Rent Seeking: A Survey, in: Kyklos 35/1982, S. 575-602.

Tuininga, E.J.: Die niederländische Umweltpolitik als Modell - Nachbarn als Vorreiter, in: Politische Ökologie 46/1996, S. 70-71.

Tullock, G.: The Politics of Bureaucracy, Washington D.C. 1965.

Tullock, G.: The Transitional Gains Trap, in: Bell Journal of Economics and Management Science 6/1975, S. 671-678.

Tullock, G.: Rent-seeking as a Negative-Sum-Game, in: J.Buchanan/R.Tollison/ G.Tullock (Hrsg.): Towards a Theory of the Rent-Seeking-Society, Texas 1980, S. 16-36.

Tullock, G.: Economics of Income Redistribution, Dordrecht 1983.

Vaubel, R.: Nachhaltigkeitspolitik: Ordnungspolitische Konsequenzen und Durchsetzbarkeit, in: L.Gerken (Hrsg.): Ordnungspolitische Grundfragen einer Politik der Nachhaltigkeit, 1.Aufl., Baden-Baden 1996, S. 167-172.

Vieler, A.: Interessen, Gruppen und Demokratie. Eine sozialökonomische Untersuchung über den Einfluß von Interessenverbänden auf wirtschaftspolitische Entscheidungen, Die Einheit der Gesellschaftswissenschaften, Bd.41, Tübingen 1986.

Wahl, P.: „Et Maintenant, que vais-je faire ?“ Perspectives of Civil Society in the International System, in: Weltwirtschaft, Ökologie und Entwicklung - WEED (Hrsg.): Sustainability and Democracy, Bonn 1995, S. 52-60.

Watrin, Ch.: Der Wettbewerb der Ordnungen als Entdeckungsverfahren für eine nachhaltige Entwicklung, in: L.Gerken (Hrsg.): Ordnungspolitische Grundfragen einer Politik der Nachhaltigkeit, 1.Aufl., Baden-Baden 1996, S. 103-113.

Wätzold, F.: Umweltökonomische Konzeptionen bei ökologischer Unsicherheit, Diss., Berlin 1998.

Weber, M.: Wirtschaft und Gesellschaft, 5.Aufl., Tübingen 1972.

Weede, E.: Mensch und Gesellschaft: Soziologie aus der Perspektive des methodologischen Individualismus, Tübingen 1992.

Wegner, G.: Marktkonforme Umweltpolitik zwischen Dezisionismus und Selbststeuerung, Vorträge und Aufsätze, Walter Eucken Institut, 143, Tübingen 1994.

Weidner, H./Fietkau, H.-J.: Umweltmediation. Erste Ergebnisse aus der Begleitforschung zum Mediationsverfahren im Kreis Neuss, in: Zeitschrift für Umweltpolitik und Umweltrecht 4/1995, S. 451-480.

Weimann, J.: Umweltökonomik. Eine theorieorientierte Einführung, Berlin, Heidelberg 1990.

Wicke, L.: Umweltökonomie. Eine praxisorientierte Einführung, 3.Aufl., München 1991.

Wilke, H.: Entzauberung des Staates. Grundlinien einer systemtheoretischen Argumentation, in: Th.Ellwein/J.-J.Hesse/R.Mayntz/F.W.Scharpf (Hrsg.): Jahrbuch zur Staats- und Verwaltungswissenschaft Bd. 1/1987, Baden-Baden 1987, S. 285-309.

Wirth, T.: „Politikstil der Zukunft", in: Spiegel Special: Die Macht der Mutigen 11/1995, S. 8.

Zieschank, R.: Mediationsverfahren als Gegenstand sozialwissenschaftlicher Umweltforschung - Kriterien für den Umgang mit einem neuen Forschungsfeld, in: Zeitschrift für Umweltpolitik und Umweltrecht 1/1991, S. 27-51.

Zilleßen, H.: Die Modernisierung der Demokratie im Zeichen der Umweltproblematik, in: V.v.Prittwitz (Hrsg.): Umweltpolitik als Modernisierungsprozeß - Politikwissenschaftliche Umweltforschung und -lehre in der Bundesrepublik, Opladen 1993, S. 81-91.

Zilleßen, H./Barbian, Th.: Neue Formen der Konfliktregelung in der Umweltpolitik, in: Aus Politik und Zeitgeschichte 39/1992, S. 14-23.

Zippelius, R.: Zur Rechtfertigung des Mehrheitsprinzips in der Demokratie, in: Aus Politik und Zeitgeschichte 42/1987, S. 3-10.

Zolo, D.: Die demokratische Fürstenherrschaft. Für eine realistische Theorie der Politik, Göttingen 1997.

Zwanzig, G.W.: Umweltanwaltschaft, in: Natur und Landschaft 10/1986, S. 394-397.